SAMMLUNG GÖSCHEN BAND 1129

Die Brennkraftmaschinen

IV

Motoren für Land- und Luftverkehr

für Kraftwagen, Traktoren, Triebwagen, Lokomotiven und Flugzeuge

Von

Professor Paul Meyer VDI

Delft

Mit 106 Abbildungen und 5 Zahlentafeln

Walter de Gruyter & Co.

vormals G. J. Göschen'sche Verlagshandlung · J. Guttentag, Verlagsbuchhandlung · Georg Reimer · Karl J. Trübner · Veit & Comp.

Berlin 1939

Archiv-Nr. 11 11 29

Druck von Walter de Gruyter & Co., Berlin W 35

Printed in Germany

Inhaltsübersicht.

I. Allgemeines.

A. Entwicklung der Verkehrsmittel.

Während der Verkehr Jahrtausende hindurch auf menschliche und tierische Kräfte angewiesen war und nur die Segelschiffahrt sich der Windkraft bediente, trat mit dem 19. Jahrhundert eine Wendung ein durch Einführung des Dampfschiffs und der Dampflokomotive, also noch unter Beschränkung auf die Wasseroberfläche und den Schienenweg, auf dem ungefähr seit 1890 auch elektrischer Antrieb verwendet wird.

Mit der letzten Jahrhundertwende vollzog sich die Anwendung der Brennkraftmaschine, kurz Motor genannt. Diese eroberte zuerst die Straße für den Kraftverkehr und später auch den Weg durch die Luft. Sie verdrängte außerdem die Dampfmaschine zu einem erheblichen Teil aus der Schiffahrt und eröffnete auch auf dem Schienenweg neue Möglichkeiten.

B. Nutzlast und tote Last. Höchstgeschwindigkeiten und Gewicht je Pferdestärke.

Man muß bei allen Verkehrsmitteln unterscheiden zwischen der Nutzlast, die befördert werden soll und die bei öffentlichen Verkehrsmitteln auch zahlende genannt wird, und der toten Last, bestehend aus dem Verkehrsmittel selbst und allem, was zu seinem Betrieb nötig ist, einschließlich Bedienungspersonal und der für eine bestimmte Strecke erforderlichen Betriebstoffe.

Die gegenwärtig bei verschiedenen Verkehrsmitteln gebräuchlichen Höchstgeschwindigkeiten und die dabei auf 1 PS entfallende Kilogrammzahl der Gesamtlast sind in Zahlentafel I zusammengestellt.

Zahlentafel I.

Höchstgeschwindigkeiten und Gewichte je Pferdestärke von verschiedenen Verkehrsmitteln.

Verkehrsmittel	km/h	kg/PS
Frachtschiff (12—15 Seemeilen/Std.)	22—28	3000—1800
Fahrgastschiff (14—28 Seemeilen/Std.)	26—52	1500—600
Güterzug	45—60	2000—1000
Schnellzug	80—120	400—140
Schnelltriebwagen	120—160	150—120
Lastkraftwagen	50—80	80—60
Personenkraftwagen	70—120	15—30
Luftschiff	100—140	45—60
Flugzeug	220—350	5—8

C. Anpassung mit Raum, Gewicht und Bedienung.

Während die Art des Brennstoffes das Arbeitsverfahren des Motors bedingt, stellt das Anwendungsgebiet Anforderungen, die seine bauliche Ausführung stark beeinflussen, da die Kraftanlage als Teil des Verkehrsmittels sich mit Raumbeanspruchung und Gewicht anpassen muß. Auch Bedienung, Mitführung der Betriebsmittel und Kühleinrichtungen unterliegen ähnlichen Bedingungen.

D. Begriff der Nutzarbeit.

In der Beförderung von Personen und Gütern ist streng genommen nur dann eine Nutzarbeit zu erblicken, wenn sie auf größere Höhe geschieht, wie bei Aufzügen und Bergbahnen. Sonst faßt man besser die Arbeit zur Überwindung aller Widerstände als Nutzarbeit zusammen.

Der Arbeitsaufwand zur Überwindung der horizontalen Widerstände hängt auch sehr von der Geschwindigkeit ab. Die zum Überwinden einer Höhe aufgewandte Arbeit kann beim Ablauf, die zur Beschleunigung der Masse beim Auslauf wiedergewonnen werden, soweit erstere nicht aus Sicherheitsgründen und letztere zur Abkürzung der Fahrzeit durch Bremsen vernichtet wird. Ähnliches gilt auch für Flugzeuge.

II. Erzeugung des Vortriebes.

Der Vortrieb eines Verkehrsmittels im Land- und Luftverkehr zur Überwindung der sich entgegenstellenden Widerstände kann grundsätzlich auf zwei verschiedene Arten geschehen.

A. Erzeugung von Schub durch Ausübung eines Drehmomentes auf Räder.

Das Fahrzeug, z. B. ein Kraftwagen, Triebwagen oder eine Lokomotive, rollt auf Rädern, auf die, oder auf einen Teil von denen, durch den Motor ein Drehmoment ausgeübt wird, das ein Gegenmoment in einem Kräftepaar findet, bestehend aus einem Schub auf die Achse und einem parallelen gleich großen, aber entgegengesetzten Schub auf den Weg, der im allgemeinen durch Reibung aufgenommen wird, nur ausnahmsweise, wie bei Bergbahnen, durch Zahndruck. Man hat hierbei nur mit statisch bestimmbaren Kräften zu tun und kann deshalb von einem statischen Antrieb sprechen.

Das auf die Räder ausgeübte Moment entspricht nach Abzug der Reibung in der Übertragung dem jeweiligen Drehmoment des Motors, d. h. es steht zu ihm in einem bestimmten Verhältnis, das als Übersetzung bezeichnet wird. Der Motor selbst ist regelbar, indem man sein Drehmoment von einem Maximum bis auf Null herunter einstellen kann.

Auch das Übersetzungsverhältnis zur Umformung oder Wandlung des Drehmomentes ist meist in gewissen Stufen oder Grenzen einstellbar. Auch ist der Drehsinn des Momentes umkehrbar, um gelegentlich in umgekehrter Richtung fahren zu können.

Schlupf, d. h. eine Verminderung der dem Übersetzungsverhältnis entsprechenden Weglänge tritt auf, wenn die Reibhaftung der Räder das Moment nicht aufnehmen kann, wenn dynamisch wirkende Kupplungen in die Übertragung eingeschaltet sind, wenn der höchste Gleitwiderstand einer Reibungskupplung überschritten wird und stets bei elektrischer Übertragung, außer solcher durch Synchronmotoren.

B. Erzeugung von Schub durch Schrauben.

Hierbei wird die zur Überwindung der Widerstände erforderliche Kraft in der Beschleunigung von Luftmassen durch eine Luftschraube gefunden, die dadurch einen Achsialschub erleidet. Bei gleichbleibender Drehzahl ist dieser Schub am größten, solange das Fahrzeug noch stillsteht. Mit zunehmender Geschwindigkeit nimmt er ab und kann selbst Null und negativ werden, z. B. wenn ein Flugzeug im Gleitflug die Widerstände schon durch seine Schwere überwindet.

Die Luftschrauben können mit dem Motor unmittelbar gekuppelt sein oder durch eine Zahnradübertragung, wodurch sie langsamer als der Motor laufen. Neuerdings sind auch die Schraubenflächen häufig durch Drehen um eine radiale Achse während des Fluges verstellbar. Ob bei der Erzeugung des Schubes durch eine Schraube das Verkehrsmittel selbst durch Räder getragen wird, die auf einem Weg oder auf Schienen rollen, oder ob es als Schlitten über eine Eisfläche gleitet, als Luftschiff durch seinen Gasinhalt getragen wird oder als Flugzeug dynamisch durch den Auftrieb der Tragflächen, ist gleichgültig. In allen diesen Fällen erfolgt der Antrieb dynamisch.

Das gleiche gilt von Wasserfahrzeugen mit Rad oder Schraubenantrieb. Diese stehen aber hier nicht zur Behandlung.

III. Die Widerstände der Bewegung.

Räder erleiden auf Straßen und Schienen einen Rollwiderstand, den man als Bruchteil der Last ausdrücken kann, also auf gleiche Weise wie die Reibungszahl nach Coulomb.

Ist G das Gewicht des Fahrzeugs, dann ist der Rollwiderstand

$$W = fG. \qquad (1)$$

Die Rollwiderstandszahl f kann man für Kraftwagen mit Luftreifen zu 0,01 bis 0,02 annehmen, bei schlechteren Straßen auch zu 0,03. Bei Eisenbahnzügen ist selbst die Summe von Roll- und Luftwiderstand noch geringer.

Ein weiterer Widerstand ist der der Luft, der von der Form und Größe des Fahrzeugs abhängt und der der Dichte der Luft einfach, sowie der Geschwindigkeit annähernd im Quadrat proportional ist.

Man drückt den Luftwiderstand aus durch die Formel

$$W_L = \varphi \varrho w^2 F. \qquad (2)$$

F ist die größte Durchschnittsfläche des Fahrzeugs senkrecht zur Bewegungsrichtung in m^2, φ die unbenannte Luftwiderstandszahl, ϱ die Luftdichte gleich γ/g, worin γ das Luftgewicht in kg/m^3 und g die Schwerkraftbeschleunigung gleich 9,81 m/sek^2. Man kann in Meereshöhe $\gamma/g \sim 1{,}25/10 = {}^1/_8$ annehmen.

Es kommt also schließlich alles auf φ an, das sehr verschieden sein kann und nur durch Versuche zu ermitteln ist. Diese gestalten sich für Landfahrzeuge dadurch besonders schwierig, daß die Wegoberfläche einen erheblichen Einfluß auf die Luftströmung ausübt.

Die Form des Fahrzeugs ist von wesentlichem Einfluß. Würde man z. B. an Stelle der bekannten Form eines Zeppelinluftschiffes einen Zylinder gleichen Inhaltes mit geraden Endflächen und einer Länge gleich dem achtfachen Durchmesser nehmen, dann würde der Luftwiderstand etwa auf das sechsfache anwachsen (siehe Abb. 1).

Bei Kraftwagen und Schienenfahrzeugen ist es schwierig, die Form günstigsten Luftwiderstandes mit anderen

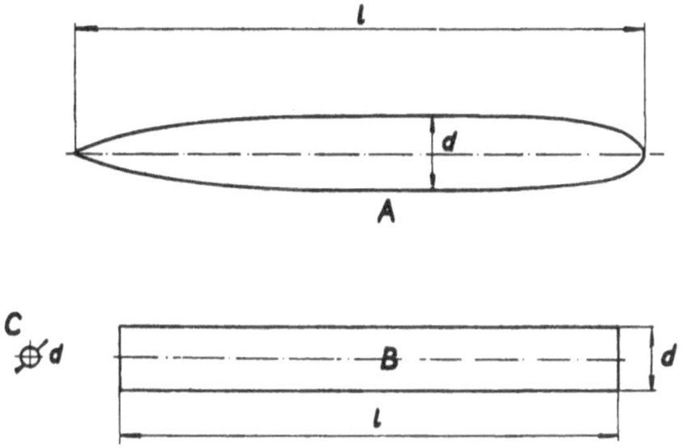

Abb. 1. *A* Luftschiff Graf Zeppelin und *B* Zylinder von gleichem Inhalt und gleichem Verhältnis von Durchmesser zu Länge (1 : 7,6). *C* Scheibe mit gleichem Widerstand wie das Luftschiff. Durchmesser der Scheibe 1/4,85 des Durchmessers des Luftschiffes. Der Luftwiderstand des Zylinders beträgt rund das 12fache desjenigen des Luftschiffes.

Anforderungen in Einklang zu bringen. Auch kann eine an sich vorteilhafte Hauptform durch verhältnismäßig kleine Nebenteile sehr ungünstig beeinflußt werden.

Die Tatsache, daß der Luftwiderstand annähernd mit dem Quadrat der Geschwindigkeit zunimmt, macht bei großer Geschwindigkeit das Streben nach günstiger Formgebung unerläßlich. Andererseits hat es wenig Sinn, bei geringen Geschwindigkeiten andere gute Eigenschaften zugunsten eines geringen Luftwiderstandes aufzuopfern.

Beim Flugzeug läßt sich der Luftwiderstand unterteilen in den Widerstand des Rumpfes und den der Tragfläche. Wenn man Abmessungen und Gewicht des Rumpfes als gegeben ansieht, hängt die Größe der erforderlichen Tragflächen von der Geschwindigkeit ab. Da ihre Tragfähigkeit mit dem Quadrat der Geschwindigkeit zunimmt, könnte ihre Oberfläche dem Geschwindigkeitsquadrat umgekehrt proportional sein, was zur Folge haben würde, daß der horizontale Widerstand der Tragflächen eine gleichbleibende Größe wäre. Das würde zutreffen, wenn zwei Flugzeuge mit gleichem Rumpf für verschiedene Geschwindigkeiten gebaut werden. Diese Erwägung wird aber dadurch hinfällig, daß man eine gewisse, geringste Fluggeschwindigkeit für die Sicherheit der Landung verlangt, wodurch ein Mindestmaß der Tragfläche bedingt ist.

Als weiterer Widerstand tritt bei allen Fahrzeugen die Trägheit der Masse auf, die sich bei Steigerung der Geschwindigkeit bemerkbar macht, also besonders beim Anfahren. Dieser Widerstand K ist vollkommen bekannt, sobald man das Gesamtgewicht kennt. Ist w die Geschwindigkeit in m/sek, t die Zeit in sek und G das Gewicht in kg, dann ist die Beschleunigung mal Masse gleich dem Widerstand

$$\frac{dw}{dt} \cdot \frac{G}{g} = K \text{ kg}. \tag{3}$$

Im allgemeinen kann man annehmen, daß der Zugkraftüberschuß über die Widerstände, die Weg und Luft bieten, zur Beschleunigung der Masse verbraucht wird, bis die gewünschte Geschwindigkeit erreicht ist. Man kann daher aus einer Leistungs- und einer Widerstandskurve ableiten, welche Beschleunigung bei jeder Geschwindigkeit zur Verfügung steht. Näheres siehe Abb. 8 auf S. 33.

Beim Flugzeug gibt es beim Starten einen Roll- und einen Luftwiderstand, nach dem Verlassen des Erdbodens Steigungs- und Luftwiderstand, beim Luftschiff nur Luftwiderstand, beim Seeschiff Wasser- und Luftwiderstand. Bei Berechnung des Luft- und Wasserwiderstandes kommt nicht die Geschwindigkeit über dem Boden oder Grund in Betracht, sondern nur die Geschwindigkeit gegenüber der Luft und dem Wasser.

Bis jetzt war stillschweigend vorausgesetzt, daß die Bewegung waagerecht verliefe. Weist jedoch eine Straße oder ein Schienenweg eine Steigung auf, dann ist die zu leistende Mehrarbeit gleich G mal dem Höhenunterschied h in m. Bewegt sich das Fahrzeug mit der Geschwindigkeit w auf seiner Bahn, die unter dem Winkel α ansteigt, dann ist die zur Überwindung der Steigung erforderliche Leistung:

$$N_s = {}^1/_{75} \cdot G \cdot \sin\alpha \cdot w \text{ PS.} \qquad (4)$$

Das gleiche gilt für Flugzeuge, wenn sie steigen, aber nicht für Luftschiffe, wenn das Steigen durch den Auftrieb des Gases verursacht wird. Wenn Flugzeuge und Luftschiffe durch Legen der Höhenruder steigen, wird N_s noch durch zusätzlichen Luftwiderstand erhöht.

IV. Die Brennstoffe und andere Energiequellen.

Über die für Motoren gebräuchlichen Brennstoffe, ihre besonderen Eigenschaften, die Verbrennung und den Heizwert ist in Bd. I S. 45—67 bereits ausführlich gesprochen. Hier soll nur noch auf die Eignung der verschiedenen Brennstoffe für Verkehrszwecke eingegangen werden, sowie auf besondere dafür erforderliche Einrichtungen.

A. Flüssige Brennstoffe.

An erster Stelle steht auch hierbei wieder die Forderung nach geringem Gewicht und geringer Raumbeanspruchung. Diese Forderung erfüllen am besten die Kohlenwasserstoffgemische wie Benzin, Petroleum und Gasöl, die einen unteren Heizwert von etwas mehr als 10000 kcal/kg haben und deren Gewicht 730 bis 880 kg/m³ beträgt, oder die umgekehrt einen Raum von 1,37 bis 1,14 m³/t beanspruchen. Die Aufbewahrung dieser Brennstoffe geschieht in metallenen Behältern, die nur den Flüssigkeitsdruck aufzunehmen haben.

Da die Fundorte der Mineralöle auf der Erde sehr ungleich verteilt sind, versucht man vielfach in Ländern, die über diese Öle nicht in ausreichender Menge verfügen, aus wirtschaftlichen, sowie aus Gründen der Landesverteidigung, einheimische Motorbrennstoffe heranzuziehen. Dazu gehören Destillate aus Steinkohle und Braunkohle, synthetische Öle und Alkohole.

B. Gasförmige Brennstoffe.

Außerdem hat man sich seit vielen Jahren bemüht, und ungefähr seit 1930 mit Erfolg, für Fahrzeuge brauchbare Gasgeneratoren zu schaffen, insbesondere zur Vergasung von Holz und Holzkohlen, und auch Gas in verdichtetem Zustand als sog. Flaschengas in druckfesten Behältern mitzuführen.

Das Generatorgas sowie das Flaschengas können in den für Benzin entworfenen Gemischmotoren verarbeitet werden; nur ist neben dem Vergaser ein, übrigens sehr einfaches, Mischventil anzubringen. Der Benzinvergaser wird beibehalten, um gelegentlich auch mit flüssigem Brennstoff arbeiten zu können.

Zwischen dem Generatorgas und dem Flaschengas besteht der wesentliche Unterschied, daß es sich bei ersterem um die Mitnahme fester Brennstoffe handelt, die unterwegs in einem Generator unter Zusatz von Luft in ein brennbares Gas umgewandelt werden, während Flaschengas als fertiges Gas in verdichtetem Zustand mitgeführt wird. Zum Flaschengas muß man auch die Stoffe rechnen, die infolge Verdichtung flüssig werden, aber bei Verminderung des Druckes wieder in Gasform übergehen (siehe S. 22).

Zuerst sei hier das Generatorgas besprochen. Da dieses 50 und mehr Hundertteile Stickstoff enthält, fällt der Heizwert des Luft-Gasgemisches mit etwa 580 kcal/m³ erheblich niedriger aus als bei Benzin mit 850 kcal/m³ (siehe Bd. II S. 16), so daß man mit einem Leistungsabfall von 30% rechnen muß. Andererseits läßt das Generatorgas-Luftgemisch eine Verdichtung auf $^1/_8$ bis $^1/_9$ zu gegen $^1/_{4,5}$ bis $^1/_6$ bei Benzin, wodurch der thermische Wirkungsgrad so gehoben werden kann, das der Leistungsabfall großenteils wieder aufgehoben wird. Bei der hohen Verdichtung ist es zwar nicht möglich, gelegentlich mit Benzin, wohl aber mit Benzol zu arbeiten, das viel klopffester ist als Benzin.

Die Grundlagen der Gaserzeugung im Generator sind in Band II S. 15ff. bereits behandelt. Es kommt hier sowohl die Gaserzeugung mit einem Dampf-Luftgemisch in Betracht, das die Brennstofflage von unten nach oben durchstreicht, wie auch bei Holzvergasung die umgekehrte Verbrennung, wobei entstehende Teer- und Holzessigdämpfe zersetzt werden (siehe Bd. II S. 33).

Im folgenden sollen einige Ausführungen von F a h r z e u g g a s e r z e u g e r n beschrieben werden, und zwar zuerst der der Imbertgas-Aktiengesellschaft, der in Abb. 2 dargestellt ist. Bemerkenswert ist der eiserne Doppelmantel, dessen untere Hälfte die Schamotteausmauerung entbehrlich machen soll, die wegen ihres Gewichtes

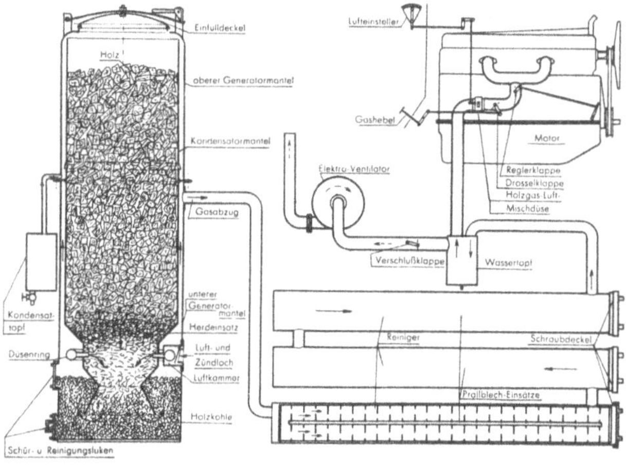

Abb. 2. Schematische Darstellung einer Gaserzeugungs- und Reinigungsanlage der Imbertgas A.-G.

und der Empfindlichkeit gegen Stöße für den Fahrzeugbetrieb wenig geeignet ist. Die durch einen Zwischenring davon getrennte obere Hälfte dient als Kondensator für den aus dem frischen Holz entweichenden Wasserdampf, der in dem Kondensattopf aufgefangen und abgezapft werden kann. Der innere Mantel ist unten als Herd ausgebildet, dem durch einen Düsenring die nötige Verbrennungsluft von außen zugeführt wird. Im unteren Teil des

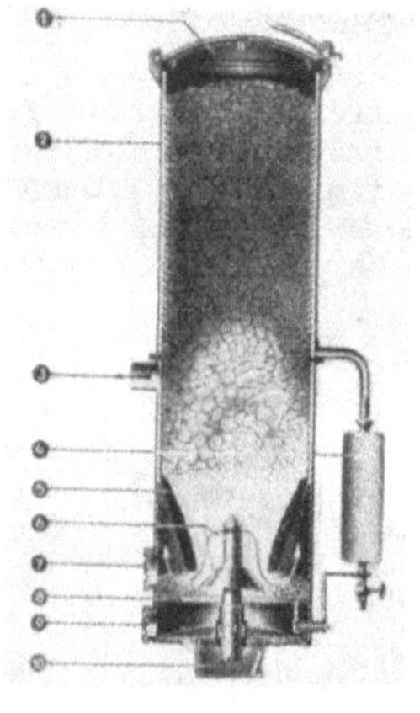

Abb. 3.

Abb. 4.

Abb. 3. Gaserzeuger für Holzfeuerung der Humboldt-Deutzmotoren A.-G.
Abb. 4. Anbringung eines Deutzer Generators an einem Lastwagen.

Außenmantels befinden sich Reinigungsluken. Die Öffnung in Höhe des Düsenringes, durch welche die Verbrennungsluft angesogen wird, dient auch zum Anzünden durch Davorhalten einer brennenden Lunte. Der Raum des Gaserzeugers unter dem Düsenring ist mit Holzkohle gefüllt, die nur beim ersten Inbetriebsetzen darin gebracht wird, und sich dann aus dem Holz von selbst ergänzt. Sie dient zur Reduktion der in der Verbrennungszone entstehenden

Produkte, vornehmlich CO_2 und H_2O, zu brennbaren Gasen. Die Hitze in der Verbrennungszone entgast das in dieselbe eintretende Holz. Die Entgasungsprodukte verbrennen, z. T. wahrscheinlich auch die Holzkohle, während der Rest derselben in die Reduktionszone sinkt und dort verbraucht wird. Unter dem Rand des inneren Mantels kehren die Gase nach oben um, beheizen noch den inneren Mantel und ziehen dann durch den Gasabzug zu den Reinigungsapparaten, die in Abb. 2 aus einigen mit Prallblecheinsätzen versehenen weiten Blechrohren bestehen. Aus einem darauf folgenden Wassertopf kann noch gebildetes Kondensat zeitweilig abgezapft werden. Vom Generator bis zum Wassertopf muß Gefälle vorhanden sein. Die schematische Abbildung zeigt alles in einer Ebene, wodurch das Gefälle nicht ersichtlich ist. An den Wassertopf sind ein elektrisch angetriebener Ventilator und der Motor angeschlossen. Ersterer wirkt saugend und wird beim Anheizen und nach längerem Stillstand zum Wiederanblasen benutzt. Beim Anheizen soll man bereits nach 2 bis 5 Minuten brennbares Gas bekommen, während sich beim Stillstand die Glut im Generator 4 bis 5 Stunden halten soll. Bei Stillsetzen des Motors hört die Gasbildung sofort auf. Das Fassungsvermögen der Gaserzeuger reicht im allgemeinen für eine Fahrstrecke von 150 km aus.

Als Brennstoff ist vor allem Laubholz verwendbar, da es wenig Harz enthält. Auch Späne können mitbenutzt werden. Der Verbrauch beträgt 2 bis $2^1/_2$ kg lufttrockenes Holz an Stelle von 1 Liter Benzin.

Der in Abb. 3 dargestellte Deutzer Gaserzeuger für Holzfeuerung zeigt einige Abweichungen von dem vorher beschriebenen. Der obere Teil des Innenmantels ist mit Schlitzen durchbrochen, um dem Wasserdampf leichter Zutritt zum Kondensatorraum zu gewähren. Der eigentliche Brandherd ist von einem kegelförmigen Feuerkorb aus feuerfestem Material umgeben. Dieser dickwandige Feuerkorb speichert Wärme auf und macht dadurch den Vergaser elastischer, d. h. weniger empfindlich für Belastungsschwankungen. Die Luftzuführung geschieht zentral, von unten her, während Entgasung, Reduktion und Vergasung ähnlich verlaufen wie bei dem vorher beschriebenen Erzeuger, im Gegensatz zu dem dieser auch einen Rost hat, der drehbar ist.

In Abb. 4 sieht man die Anbringung des Generators an einem Lastwagen und das Füllen mit Holz.

Abb. 5 zeigt den Einbau der Gesamtanlage, die mit dem Schema in Abb. 2 übereinstimmt, in einen Lastwagen.

Die Wisco-Autogas-Generatoranlage, System Müller-Hauert,

benutzt im Gegensatz zu den beiden vorigen nur teerfreien Brennstoff in Form von Buchenholzkohle und Torfkoks. Diese Brennstoffe sind zwar teurer als Holz, besitzen aber einige Vorzüge. Das erzeugte Gas ist frei von Teer und Essigsäure. Das Brennstoffgewicht beträgt nur 40 bis 50% des Gewichtes von Holz bei gleicher Fahrstrecke. Die Bedienung des Generators ist einfacher, weil man mit gegenläufiger Verbrennung, wie beim Anthrazitgenerator, zu tun hat, die leichter einzuleiten und zu regeln ist.

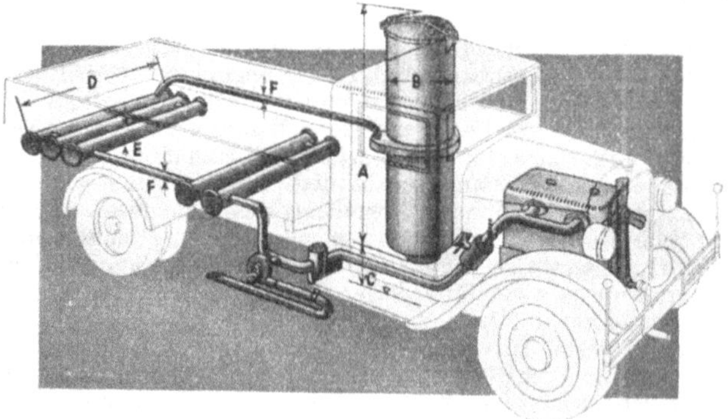

Abb. 5. Einbau der Gesamtanlage eines Deutzer Gaserzeugers für Holzfeuerung in einen Lastwagen.

In Abb. 6 ist eine Wisco-Generatoranlage dargestellt, die durch die Beischriften verständlich wird. Wie bei Anthrazitgaserzeugern ist auch ein Verdampfer angebracht, der durch das abziehende Gas beheizt wird. Um mit der an sich viel Staub verursachenden Holzkohle staubfrei arbeiten zu können, wird diese in geschlossenen Papiersäcken geliefert, die ungeöffnet in den Generator gestürzt werden und mitverbrennen. Der Reiniger besteht aus einer größeren Abteilung, in der das Gas durch Wasser hindurchgesogen wird. Nachdem sich dann mitgerissenes Wasser auf Körper großer Oberfläche abgesetzt hat, passiert das Gas in einer kleinen Abteilung des Reinigers ein Bad aus 2 Teilen Öl und 3 Teilen Petroleum, das noch etwa vorhandene Teerreste aufnimmt. Der Raum darüber ist mit Spiralfedern oder Ringen ausgefüllt, die mitgerissenes Öl auffangen sollen. Von da gelangt das Gas zu dem am Motor befestigten Mischer, der durch drei Bowdenzüge vom Führerplatz aus

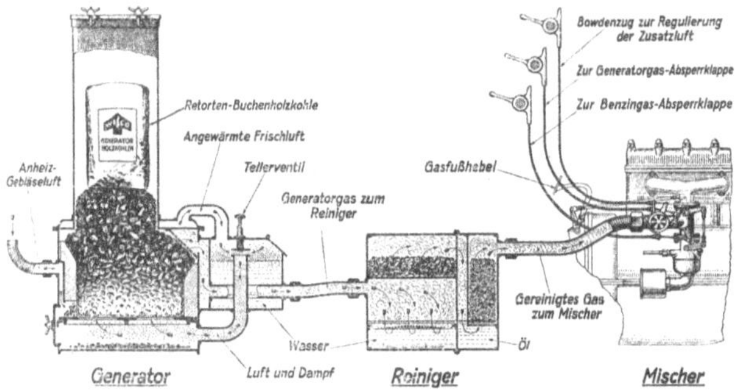

Abb. 6. Schematische Darstellung einer Wisco-Fahrzeug-Gaserzeugungsanlage für Holzkohle.

eingestellt wird und entweder auf Gas oder Benzinbetrieb gestellt werden kann. Außerdem ist die Zusatzluft regelbar. Die Motorgeschwindigkeit wird durch eine besondere Drossel geregelt. Die zur Verwendung gelangende Holzkohle wird aus Buchenholz in Retorten hergestellt. Sie hat einen Heizwert von 7400 kcal/kg und ein Schüttgewicht von 230 kg/m³. Der Torfkoks hat ebenfalls einen Heizwert von 7400 kcal/kg, aber ein Schüttgewicht von 300 kg/m³. Angeblich ersetzt 1 kg dieser Brennstoffe 1 l Benzin. Stellt man den Generatorverlust und Abbrand in den Betriebspausen einem etwaigen, durch höhere Verdichtung als bei Benzinbetrieb erreichbaren höheren Wirkungsgrad des Motors gegenüber, dann erscheint diese Angabe reichlich günstig. Wenn jedoch 1 l Benzin rund das vierfache von 1 kg Holzkohle kostet, ist ein geringer Mehrverbrauch belanglos.

Die Benutzung von fertig mitgeführtem Gas auf Fahrzeugen ist nicht neu. Bereits im Jahre 1894 wurde in Dessau eine Straßenbahn mit Gasmotoren betrieben, die mit Stadtgas gespeist wurden, das auf 8 at verdichtet in Behältern mitgenommen wurde.

Als während des Krieges die flüssigen Brennstoffe knapp wurden, füllte man in England große Säcke aus Ballonstoff mit Stadtgas unter atmosphärischem Druck und legte sie oben auf die Autobusse. In der Schweiz benutzte man zu dem gleichen Zweck Azetylenerzeuger. Diese Notbehelfe verschwanden aber wieder mit Beendigung des Krieges. Die Zeppelin-Luftschiffe benutzen außer flüssigem Brennstoff auch einen Teil des Traggases oder Blaugas, das ein der Luft annährend gleiches Raumgewicht hat.

Will man verdichtetes, fertiges Gas mitführen, dann entsteht die Frage nach der Raumbeanspruchung und nach dem Behältergewicht. Der Raum, den 1 m³ Gas einnimmt, ist dem Verdichtungsdruck umgekehrt proportional, für den man zur Zeit als Höchstgrenze 200 at annehmen kann. Jedoch lassen sich nicht alle Gase soweit verdichten, da manche schon vorher in den flüssigen Zustand übergehen.

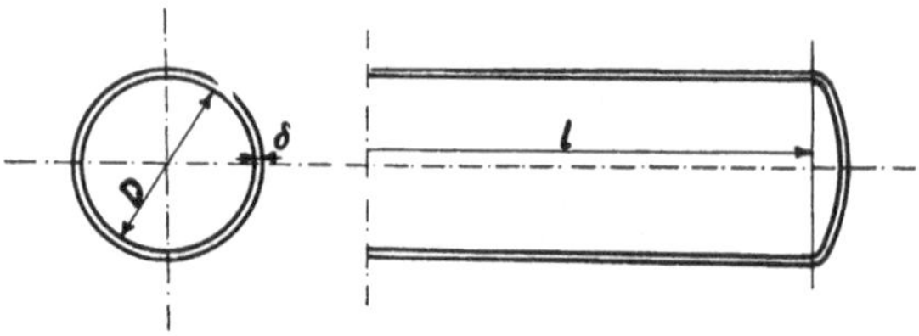

Abb. 7. Schematische Darstellung eines Druckgasbehälters.

Das Mantelgewicht eines zylindrischen Gefäßes ist allgemein:

$$G_m = \pi \cdot D \cdot \delta \cdot l \cdot s \text{ kg.} \quad (5)$$

D, siehe Abb. 7, ist der mittlere Durchmesser des Mantels in m, der dem inneren Durchmesser näherungsweise gleichgesetzt werden kann, δ die Wandstärke in m, l die Länge in m und s das Gewicht des Baustoffes in kg/m³. Nach einer bekannten Formel ist:

$$\delta = \frac{D}{2} \cdot \frac{p}{k} \text{ m,} \quad (5)$$

worin k die zulässige Zugspannung in kg/cm² in der Wand ist, und p der Druck des Gases in kg/cm². Somit wird:

$$G_m = \frac{\pi}{2} \cdot D^2 \cdot l \cdot s \cdot \frac{p}{k} \text{ kg.} \quad (7)$$

Da der Rauminhalt ist:

$$V_c = \frac{\pi}{4} \cdot D^2 \cdot l \text{ m}^3, \quad (8)$$

ist das Mantelgewicht für die Einheit desselben:

$$G_m/V_c = 2 \cdot s \cdot \frac{p}{k} \text{ kg/m}^3. \tag{9}$$

Da aber 1 m^3 Raum p Norm. m^3 Gas enthält, ist das Mantelgewicht für 1 Norm. m^3

$$G_m = 2 \cdot s/k \text{ kg}, \tag{10}$$

woraus hervorgeht, daß das Mantelgewicht eines Druckbehälters für 1 Normal-m^3 Inhalt nicht vom Verdichtungsdruck abhängt, sondern nur vom Raumgewicht des Baustoffes und seiner Festigkeit.

Zur Zeit nimmt man als Mantelgewicht noch 12 kg an, was bei $s = 7800$ für Stahl einem $k = \frac{2s}{12} = 1300 \text{ kg/cm}^2$ entspricht. Man geht aber mit besonderen Stahlsorten auf $G_m = 5$ kg herunter, entsprechend $k = 3100 \text{ kg/cm}^2$.

Stehen verschiedene Gase zur Auswahl, dann ist zu beachten, daß sowohl Flaschengewicht wie Raumbeanspruchung bei gleichen Energiemengen dem Heizwert umgekehrt proportional sind.

Man kann übrigens das Gewicht des Gases selbst nicht unter allen Umständen vernachlässigen, da z. B. die Kohlenwasserstoffe Propan 1,77 und Butan 2,33 kg/m^3 erreichen.

Die Stärke der erforderlichen gewölbten Flaschenböden ist dem Durchmesser und dem Gasdruck proportional. Bei gleichlangen Flaschen kommt demnach auf den Inhalt bezogen ein dem Durchmesser proportionales Bodengewicht hinzu. Es wäre demnach günstiger, wenn die Flaschenlänge gegeben ist, möglichst viele Flaschen mit kleinem Durchmesser zu wählen. Ist die Flaschenlänge dem Durchmesser proportional, sind also die Flaschen geometrisch ähnlich, dann sind auch die Bodengewichte, auf den Inhalt bezogen, gleich.

Die für die Gasverdichtung verbrauchte Arbeit wird nicht zurückgewonnen. Für 1 kg eines idealen Gases ist dieselbe unter der Annahme verlustloser, isothermischer Verdichtung (s. Bd. I S. 18):

$$L = p_1 \cdot v_1 \cdot ln \frac{p_2}{p_1} = 2{,}303 \cdot p_1 \cdot v_1 \cdot lg \frac{p_2}{p_1} \text{ mkg.} \tag{11}$$

Für ein Normal-m^3 von 20^0 C und 1 at, wofür $p_1 = 10000 \text{ kg/m}^2$ und $v_1 = 1 \text{ m}^3$, ist:

$$L = 23030\ lg \frac{p_2}{p_1}\ \text{mkg}, \qquad (12)$$

$$L = 23030\ (lg\ p_2 - 4)\ \text{mkg}. \qquad (13)$$

Für einige Enddrücke gibt untenstehende Zahlentafel II die verlustlose Verdichtungsarbeit L in mkg und PSh.

Zahlentafel II.

	10	50	100	150	200	300	at
p_2	100000	500000	1000000	1500000	2000000	3000000	kg/m²
L	23030	39200	46060	50200	53000	57000	mkg
L	0,085	0,145	0,171	0,186	0,197	0,211	PSh

Hochofengas mit 920, Generatorgas mit 1280 und Wassergas mit 2450 kcal/m³ sind als Flaschengas kaum verwendbar, weil sowohl Verdichtungsarbeit, wie Raum und Flaschengewicht im Verhältnis zum Heizwert zu groß ausfallen. Nach zunehmendem Heizwert (H_u) geordnet kommen dagegen wohl in Betracht Leuchtgas, das man wegen seiner verschwindenden Bedeutung für Beleuchtung besser Stadtgas nennt, und dessen H_u infolge der üblich gewordenen Mischung von Retortengas mit Wassergas besser zu 3600 kcal/m³ angenommen wird, statt 4150, wie in Bd. I S. 46 angegeben; Koksofengas mit 3380 kcal/m³, auch wohl bis 4200; und Methan, das beim Tieftemperaturzerlegungsverfahren von Kokereigas anfällt, wenn es sich darum handelt, Wasserstoff für die Ammoniaksynthese zu gewinnen.

Ferner sind Gase verwendbar, die bei einem verhältnismäßig niedrigen Druck flüssig werden. Die Flaschen haben dann als Höchstdruck nur die Dampfspannung auszuhalten, die sich bei der höchsten zu erwartenden Temperatur ergibt. Zu diesen Gasen gehören Propan und Butan, die in der Erdölindustrie und bei der Kohlehydrierung anfallen. Über ihre Eigenschaften findet man Näheres in Zahlentafel III.

Zahlentafel III.
Eigenschaften von Propan und Butan.

	Propan C_3H_8	n-Butan C_4H_{10}	-Butan C_4H_{10}
spez. Gew. flüssig	0,536	0,600	0,603
Siedepunkt °C	— 44,5	— 0,5	— 11
Schmelzpunkt °C	— 190	— 135	— 145
Krit. Temp. °C	+ 97	+ 153	+ 134
Krit. Druck ata	40,5	35,5	36,5
Gasgewicht kg/m³	1,77	2,33	2,33
H_0 kcal/m³	24240	30500	30500
H_u kcal/m³	22270	28100	28100
Dampfdruck bei 40° C ata	13,25	4,41	5,05

Das Gas wird dem Motor durch ein Druckverminderungsventil zugeführt. Um die bei der Ausdehnung des Gases entstehende niedrige Temperatur wieder zu erhöhen, legt man die Gasleitung in einigen Windungen neben das Auspuffrohr oder erwärmt das Gas mit dem Kühlwasser vom Motor.

C. Feste Brennstoffe.

Die unmittelbare Verwendung fester Brennstoffe in Pulverform ohne vorhergehende Vergasung wird im Kohlenstaubmotor von Pawlikowski zwar durchgeführt, kommt aber zur Zeit für Verkehrszwecke noch nicht in Betracht.

D. Andere Kraftmaschinen für Verkehrszwecke im Wettbewerb mit den Brennkraftmaschinen.

Von diesen seien folgende erwähnt:

Die Dampfmaschine in der Form der Dampflokomotive hat den Schienenverkehr geschaffen und beherrscht ihn noch heute zum weitaus größten Teil.

Die elektrische Zugförderung und die Brennkraftmaschine machen ihr dieses Gebiet streitig und haben dadurch auch zu weiterer Entwicklung der Dampfmaschine angespornt, die gekennzeichnet wird durch Verwendung flüssigen oder pulverförmigen Brennstoffes, wodurch eine Regelung der Wärmeentwicklung ohne Verzögerung möglich ist, durch sehr leichte aus Röhren bestehende Kessel mit kleinstem Wasserinhalt und hohem Druck und durch schnellaufende Dampfmaschinen mit Räderübersetzung. Infolge der hiermit erreichbaren Gewichtsverminderung wird die Dampfmaschine auch für schienenlose Fahrzeuge und vielleicht sogar für Flugzeuge verwendbar. Sie wird zwar niemals den geringen Brennstoffverbrauch der Brennkraftmaschine erreichen, kann aber andererseits billigere Brennstoffe verarbeiten. Auch in der Einfachheit der Bedienung und in der Anpassungsfähigkeit der Dampferzeugung an schnelle Belastungsänderungen steht sie der Brennkraftmaschine nach. Dagegen hat sie den Vorzug, daß man das Drehmoment gegenüber dem normalen stark erhöhen kann, so daß Drehkraftwandler, s. S. 55, entbehrlich werden.

Der Elektromotor ist zweifellos eine ideale Antriebsmaschine für Verkehrszwecke, wenn auch für die Luftfahrt sein Leistungsgewicht zu hoch sein dürfte.

Die Energiebeschaffung bereitet jedoch Schwierigkeiten. Man kann sie in Form von chemischer Energie in galvanischen Elementen oder geladenen Sammlerbatterien mitnehmen. In beiden Fällen hat der Energieträger ein sehr großes Gewicht. Das galvanische Element kommt praktisch gar nicht in Betracht. Die Sammler finden beschränkte Verwendung für Straßen- und Schienenfahrfahrzeuge. Sie sind, auf die Energieeinheit bezogen, außerordentlich schwer. Von der Ladeenergie geben sie nicht viel mehr als die Hälfte zurück. Das Aufladen erfordert Zeit.

Mit Stromzuführung von außen hat der Elektromotor seinen größten Erfolg auf Straßenbahnen und Vollbahnen erreicht. Wegen der hohen Anlagekosten ist aber Wirtschaftlichkeit erst bei großer Verkehrsdichte zu erwarten. Stromzuführung von außen wird auch bei schienenlosen Fahrzeugen angewandt. Diese sind dann aber an einen mit doppelter Oberleitung versehenen Weg gebunden.

Schließlich hat man die elektrische Kraftübertragung als Zwischenglied zwischen der Brennkraftmaschine und den Triebrädern auf Straßen- und Schienenfahrzeugen eingeführt.

Obgleich die Einrichtung teurer ist und der Wirkungsgrad etwas niedriger als bei anderen Übertragungen, bietet sie doch den Vorteil einfacher Bedienung und die Möglichkeit beliebiger Aufstellung und Verteilung der Antriebsmotoren. Der Elektromotor dient hier lediglich als Kraftübertragungsmittel und man sollte deshalb in diesen Fällen nicht von elektrischen Fahrzeugen sprechen, sondern höchstens von Benzin-elektrischen oder Diesel-elektrischen.

Mit in Flaschen aufgespeicherter Druckluft treibt man Bergwerkslokomotiven, wenn Brennkraft- oder Dampfmaschinen wegen der Gefahr der Entzündung von Grubengas nicht zugelassen werden können.

Die in Zahlentafel II angegebene Verdichtungsarbeit für 1 m³ ist gleich der verlustlosen Ausdehnungsarbeit. Verdichtet man 1 m³ auf 200 at, so sind dafür 0,197 PSh erforderlich, von denen wohl praktisch kaum mehr als 60% zurückgewonnen werden, so daß man nur 0,12 PSh wiedergewinnt. Demnach sind für 1 PSh Arbeitsverrichtung rd. 1/0,12 = 8,3 m³ Luft mit rd. 80 kg Flaschengewicht nötig.

Fahrzeuge, die mit aufgewundenen Federn arbeiten, finden nur als Spielzeug Verwendung.

Das Verhältnis der aufgespeicherten Energiemenge zum Federgewicht ist bei Stahl sehr ungünstig. Bei weitem am günstigsten ist Gummi als Federmaterial.

V. Die motorischen Arbeitsverfahren und spezifischen Leistungen der Brennkraftmaschinen.

A. Otto- und Dieselprozeß.

Für die in diesem Bande behandelten Motoren kommen die in Bd. II beschriebenen Arbeitsverfahren von Otto und Diesel in Betracht.

B. Hesselmanmotor.

Neuerdings ist jedoch noch ein von dem schwedischen Ingenieur Hesselman ausgearbeitetes Verfahren hinzugekommen, das für flüssige Brennstoffe bestimmt ist und sich von dem Ottoverfahren einerseits dadurch unterscheidet, daß der Brennstoff nicht vor oder beim Eintritt in den Zylinder mit der Verbrennungsluft gemischt wird, sondern erst während des Ansaughubes oder während des Verdichtungshubes in den Zylinder eingespritzt wird, in dem beim Ansaugen eine künstliche Luftbewegung hervorgerufen wird, und von dem Dieselverfahren andererseits dadurch, daß die Verdichtung nicht soweit getrieben wird, daß Selbstzündung eintritt, so daß Fremdzündung in Form eines elektrischen Funkens nötig wird. Als Brennstoff kann sowohl Benzin, wie Dieselöl oder Teeröl benutzt werden. Bei Regelung der Leistung wird nicht nur die Brennstoffmenge, sondern auch die Luftmenge verändert.

Der Hesselmanmotor nimmt eine Zwischenstellung zwischen dem Ottomotor und dem Dieselmotor ein, gehört aber, wenn man in Zünder- und Brennermotoren einteilen will, bestimmt zu den ersteren (siehe Bd. II S. 84 und ATZ 38, S. 25).

C. Zustand der Außenluft.

Auf die Arbeitsverfahren hier noch näher einzugehen, ist nur insofern nötig, als sich bei den Motoren für Verkehrsmittel besondere Umstände geltend machen können. Hierzu gehört insbesondere der Wechsel im Zustand der Außenluft, vor allem bedingt durch den Unterschied in der Höhe über dem Meere. Dieser macht sich schon im Gebirge bemerkbar, besonders aber bei Flugzeugen und Luftschiffen.

Der Motor nimmt zur Ausführung seines Arbeitsprozesses jedesmal eine gewisse Raummenge der Außenluft auf. Infolgedessen hängt die aufgenommene Gewichtsmenge und die darin verbrennbare Brennstoffmenge von der Dichte der Außenluft ab, die allerdings durch Vorverdichtung beeinflußt werden kann.

Die Raumeinheit der Luft enthält auch stets eine gewisse Wasserdampfmenge, deren obere Grenze, Sättigung genannt, allein von der Temperatur und nicht vom Druck abhängt. Man nennt die in Gramm angegebene in 1 m³ enthaltene Wassermenge die absolute Feuchtigkeit. Diese Menge ist bei Sättigung gleich einer Menge gesättigten Wasserdampfes von gleichem Raum und gleicher Temperatur wie das Gemisch, während der der Temperatur entsprechende Druck zugleich der Partialdruck p_u des Wasserdampfes im gesättigten Gemisch ist. Ist nur ein Teil des zur Sättigung erforderlichen Wasserdampfes vorhanden, dann bezeichnet man das Verhältnis seiner Menge zu der bei Sättigung vorhandenen als relative Feuchtigkeit φ. Der Partialdruck ist dann φp_u kg/cm². Der Raumanteil V_D, den der Wasserdampf im Gemisch hat, entspricht dem Verhältnis seines Partialdruckes φp_u zum Gesamtdruck.

$$V_D = \varphi \frac{p_u}{p}, \tag{14}$$

worin φ bei Sättigung gleich 1 ist. Der Raumanteil der Luft ist

$$V_L = 1 - V_D. \tag{15}$$

Zahlentafel IV bietet eine Übersicht über die Dampfspannungen, Dampfgewichte, Raumanteile und Luftgewichte bei verschiedenen Temperaturen.

Zahlentafel IV.

Wasserdampf in der Luft und Luftgewichte bei verschiedenen Temperaturen.

Temperatur °C	Dampfspannung p_D		Dampfgewicht od. abs. Feuchtigkeit g/m³	Raumanteil V_D des Wasserdampfes p=10332 kg/m²	Gewicht von 1 m³ trockener Luft bei 1 at in kg
	mm Hg	kg/m²			
— 20	0,9	12,2	1,0	0,0012	1,349
— 10	1,9	25,9	2,1	0,0025	1,298
± 0	4,6	62,6	4,9	0,0061	1,250
+ 10	9,2	124	9,4	0,0120	1,207
+ 20	17,4	236	17,3	0,0228	1,166
+ 30	31,5	429	30,4	0,0415	1,127
+ 40	54,9	747	50,7	0,0723	1,091
+ 50	92,0	1250	82,3	0,1210	1,057

Da 1 m³ Wasserdampf als ideales Gas betrachtet bei 1 at und 20° C ein Gewicht hat von 0,725 kg, ist das Gewicht des Wasserdampfes in 1 m³ Gemisch:

$$G_D = 0{,}725 \cdot 293/T \cdot p/10000 \cdot V_D \text{ kg}, \tag{16}$$

während das Gewicht der Luft ist:

$$G_L = 1{,}166 \cdot 293/T \cdot p/10000 \cdot (1 - V_D). \tag{17}$$

Die Zahlentafel IV zeigt, daß der Dampfgehalt bei niedrigen Temperaturen sehr gering ist, aber mit der Temperatur schnell ansteigt. Die relative Feuchtigkeit kann sehr verschieden sein. Durchschnittlich kann man 50 bis 60% annehmen. Wird gesättigte Luft bei gleichbleibender Temperatur auf einen kleineren Raum zusammengepreßt, dann scheidet sich Wasser ab, was man bei den Kühlern und Sammelgefäßen der Luftverdichter beobachten kann.

Witterung und Höhe über dem Meere haben auf die Luftdichte folgenden Einfluß: Der Luftdruck in Meereshöhe, im Mittel 760 mm Q. S. bei 0° C = 10332 kg/m² betragend, kann um rd. 25 mm oder 3,4 v. H. nach oben und unten schwanken, also zwischen 9800 und 10680 kg/m². Mit zunehmender Höhe nimmt der Luftdruck ab. Der im Mittel für verschiedene Höhen anzunehmende Druck ist in Zahlentafel V angegeben.

Die mittlere Lufttemperatur ist wesentlich vom Breitengrad und der Jahreszeit abhängig. Sie schwankt, auch in Meereshöhe, besonders über den Kontinenten, erheblich. Nimmt man in Mitteleuropa eine Jahresschwankung zwischen — 25 und + 35° C an, entsprechend 248 und 308° K, dann ist dies eine Schwankung von 30°, oder um 10,8 v. H. nach oben und unten um das Mittel der absoluten Temperatur. Die Temperatur nimmt ferner infolge der adiabatischen Ausdehnung aufsteigender Luft mit der Höhe ab, jedoch nur bis zu rd. 11 km. Als Lufttemperatur in verschiedenen

Zahlentafel V.

Mittlere Werte von Druck, Temperatur und Dichte der Luft, sowie Siedetemperatur des Wassers in verschiedenen Höhen.

Höhe km	Druck at	Druck mmQS	Temp. °C	Abs. Temp. °K	Dichte kg/m³	Siede-temp. des Wassers °C
0	1,033	760	+ 15	288	1,225	100
0,5	0,973	716	+ 12	285	1,168	98
1,0	0,916	674	+ 8	281	1,112	97
2,0	0,810	596	+ 2	275	1,007	93
4,0	0,628	462	— 10	263	0,819	87
6,0	0,481	354	— 24	249	0,660	80
8,0	0,363	267	— 37	236	0,525	72
10,0	0,269	198	— 50	223	0,413	66
12,0	0,197	145	— 55	218	0,309	59
15,0	0,124	91	— 55	218	0,193	50
20,0	0,056	41	— 55	218	0,088	35

Höhen werden für die wärmere Jahreszeit die aus Zahlentafel V ersichtlichen angenommen.

Man bezeichnet den Teil der Atmosphäre, in dem die Temperatur mit der Höhe abnimmt, als Troposphäre, den darüber liegenden Teil mit gleichbleibender Temperatur als Stratosphäre. Wie weit sich diese noch ausdehnt ist unbekannt.

Noch vor kurzer Zeit nahm man an, daß sich auch die Zusammensetzung der Atmosphäre mit der Höhe ändere, insofern der Gehalt an leichteren Gasen mit der Höhe zunähme, und daß sich in den höheren Teilen der Stratosphäre hauptsächlich Helium und Wasserstoff befänden. Diese Ansicht scheint aber nicht richtig zu sein. Man muß jedenfalls für Höhen, die von Motoren erreicht werden können, gleichbleibende Zusammensetzung annehmen. Flugzeuge haben bereits Höhen über 12 km erreicht, bemannte Ballons über 20 km.

Es besteht die Absicht, sich mit besonders dafür konstruierten Flugzeugen und Motoren in die Stratosphäre zu begeben und dort bei dem geringeren Luftwiderstand Langstreckenflüge mit großer Geschwindigkeit auszuführen.

Die Dichte der Luft, d. h. das Gewicht eines m³, ist nach der Zustandsgleichung:

$$\gamma = \frac{1}{v} = \frac{p}{R \cdot T} \text{ kg/m}^3. \qquad (18)$$

Darin ist $R = 29{,}26$ kgm/kg K^0, also:

$$\gamma = 0{,}0342 \frac{p}{T} \text{ kg/m}^3. \qquad (19)$$

D. Luftdichte und Motorleistung.

Man kann annehmen, daß die Höchstleistung eines Motors der Luftdichte annähernd proportional ist. Will man Abnahme der Leistung mit abnehmender Luftdichte vermeiden, dann bestehen dafür folgende Mittel:

1. Die sog. „Überdimensionierung", bei welcher der Zylinderraum im Verhältnis zur Stärke des Triebwerks so groß genommen wird, daß Luft erst von einer bestimmten Höhe ab voll zugelassen werden darf, während darunter mit Drosselung gearbeitet werden muß. Über der Höhe, für die der Motor gebaut ist, fällt dann allerdings die Leistung ab.

2. Die sog. „Überkomprimierung", bei der das Verdichtungsverhältnis für normalen Außendruck zu hoch genommen ist, so daß man auch in diesem Falle bis zu einer gewissen Höhe drosseln muß. Deshalb werden auch beide Mittel zugleich angewandt. Bei den Flugzeugmotoren des Weltkrieges spielten sie eine große Rolle.

3. Das heutzutage allgemein angewandte Hilfsmittel der Vorverdichtung mit Hilfe eines Kompressors, der vom Motor angetrieben wird. Ausführungsbeispiele sind unter Flugmotoren zu finden (siehe S. 129 u. 130, Abb. 92—94).

E. Der mittlere indizierte Druck und das Drehmoment.

Das pv-Diagramm des Arbeitsvorganges im Zylinder, das sich beim Viertaktmotor über vier und beim Zweitaktmotor über zwei Hübe erstreckt, hat für jeden Hub einen gewissen mittleren, absoluten Druck, den man mit Bezug auf die

Arbeitsleistung bei zunehmendem Hubraum als positiv und bei abnehmendem als negativ ansehen muß. Zählt man diese vier, bzw. zwei mittleren Drücke zusammen, so erhält man eine Größe p_i, die man gewöhnt ist, als mittleren indizierten Druck zu bezeichnen. Dieser ergibt, mit dem Hubraum multipliziert, bei Viertaktmotoren die während zwei und bei Zweitaktmotoren die während einer Umdrehung im Zylinder verrichtete Gasarbeit, während die Summe der bei einfach wirkenden Motoren gleichzeitig durch den Kolben gegen die Außenluft verrichteten positiven und negativen Arbeit null ist. Bei doppeltwirkenden Motoren muß jede Kolbenseite für sich betrachtet werden.

Die indizierte Gasarbeit wird mit einem gewissen Reibungsverlust auf die Kurbelwelle übertragen (s. Bd. II S. 41) und erscheint dort wieder als die während ein oder zwei Umdrehungen durch ein Drehmoment ausgeübte Arbeit. Dieses Drehmoment ist, ebenso wie die Gasarbeit, sehr ungleichmäßig (Bd. II, S. 45). Man kann es aber durch ein mittleres Moment ersetzen.

Der Verlauf der bei der Übertragung auf die Welle entstehenden Reibungsarbeit ist schwer zu ermitteln. Sie wird deshalb durch ein negatives, gleichbleibendes Drehmoment M_r ersetzt.

Das Verhältnis der effektiven Wellenarbeit zu der indizierten Gasarbeit bezeichnet man als den mechanischen Wirkungsgrad η_m. Es ist demnach für einen Viertaktmotor die Arbeit zweier Umdrehungen

$$L_4 = \frac{\pi}{4} D^2 s\, p_i \eta_m = V_s\, p_i \eta_m = M 4\pi \text{ mkg}, \qquad (20)$$

$$M = \frac{V_s p_i \eta_m}{4\pi} = \frac{D^2 s p_i \eta_m}{16} \text{ mkg}. \qquad (21)$$

Diese Gleichung mit 2π statt 4π und 8 statt 16 gilt bei einem Zweitaktmotor für eine Umdrehung.

Will man die Leistung ausdrücken, d. h. die gelieferte Arbeit auf die Zeiteinheit beziehen, dann ist für Viertakt

$$N_e = \frac{\pi}{4} D^2 s p_i \eta m \frac{n}{2 \cdot 60 \cdot 75} = M \frac{2 n \pi}{60 \cdot 75} \text{ PS.} \qquad (22)$$

Wird p_i in at statt in kg/m² ausgedrückt, D und s in m und hat der Motor a gleiche Zylinder, dann wird mit $p_e = p_i \cdot \eta_m$ für einen Viertaktmotor

$$N_e = \frac{10000}{2 \cdot 60 \cdot 75} \frac{\pi}{4} D^2 s a p_e n = M \frac{n \pi}{30 \cdot 75} \text{ PS}$$

$$= 1{,}11 \frac{\pi}{4} D^2 s a p_e n = M \frac{n}{716{,}2} \text{ PS.} \qquad (23)$$

Bei Zweitakt fällt die 2 im Nenner fort. Statt 1,11 heißt es dann 2,22. p_e, das als mittlerer effektiver Druck bezeichnet wird, muß man als eine Rechnungsgröße auffassen und sich keine Vorstellung davon machen wollen.

F. Drehzahl und Leistung.

Während man bei ortsfesten Motoren meist nur nach der Nennleistung oder Dauerleistung und der zeitweiligen Überlastbarkeit bei einer bestimmten Drehzahl fragt, hat man bei den Motoren für Landverkehr Belang bei der Höchstleistung bei verschiedenen Drehzahlen. Die Leistung N dieser Motoren wird stets in PS (Pferdestärken) ausgedrückt, gemessen am Wellenende, so daß man nur mit Wellen- oder effektiven PS zu tun hat. Die aus dem Indikatordiagramm zu ermittelnden indizierten PS kommen nicht in Betracht, weil es selten möglich ist, einen schnellaufenden Motor zu indizieren, vor allem nicht mit genügender Genauigkeit. Man entwirft vielmehr auf Grund von Bremsversuchen eine Charakteristik des Motors in Form einer Kurve, welche die bei verschiedenen Drehzahlen erreichbare Höchstleistung darstellt. Diese Kurve würde beim Nullpunkt des Koordi-

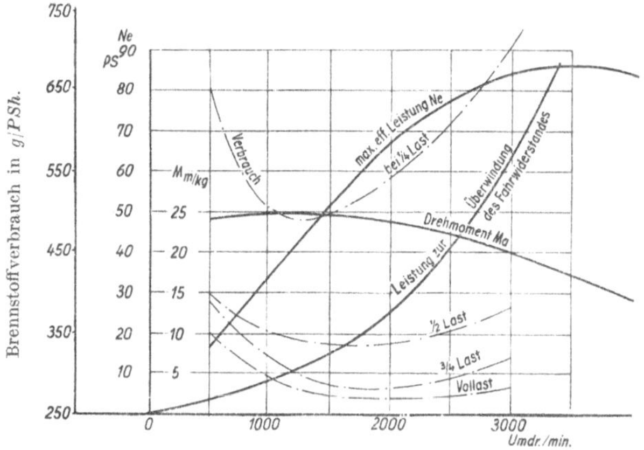

Abb. 8. Motorcharakteristik für verschiedene Drehzahlen. Höchstleistung N_e und Drehmoment M_d bei Vollast; Brennstoffverbrauch bei verschiedener Belastung. Fahrwiderstand.

natensystems beginnen, wenn der Motor mit unendlich kleiner Drehzahl laufen könnte. In Wirklichkeit beginnt sie bei der kleinstmöglichen Drehzahl mit einer annähernd geraden Linie, die vom Nullpunkt auszugehen scheint. Mit zunehmender Drehzahl beginnt die Kurve von der Geraden nach unten abzubiegen und überschreitet schließlich einen Höchstwert, s. Abb. 8, der die höchste Leistung in PS überhaupt angibt, worauf sich die Leistung bis zum Erreichen der höchstzulässigen Drehzahl verringert. Da die Motorleistung $N = Mn/716$ PS ist, geht aus der Leistungskurve, die sich mehr und mehr von dem anfänglichen Verhältnis von N/n entfernt, hervor, daß mit zunehmender Drehzahl das Moment M kleiner wird und von der Höchstleistung ab sogar in stärkerem Maße abnimmt, als die Drehzahl zunimmt. Die Ursache hiervon ist der mit wachsender Drehzahl zunehmende Widerstand beim Ansaug- und Ausschubhub, der sowohl einen Arbeitsverlust wie auch eine Verringerung der Füllung verursacht. Auch kann ungenügende Zeit für den Verbrennungsvorgang dazu beitragen. Jedoch liegt das größte Drehmoment nicht immer bei der kleinsten Drehzahl, sondern auch bei einer höheren, wenn die Steuerung der Ventile für hohe Drehzahlen eingerichtet ist und für eine kleinere ungünstiger wird.

Die Ursachen für den Abfall des Drehmomentes bedingen auch eine Zunahme des Brennstoffverbrauches für die PS-

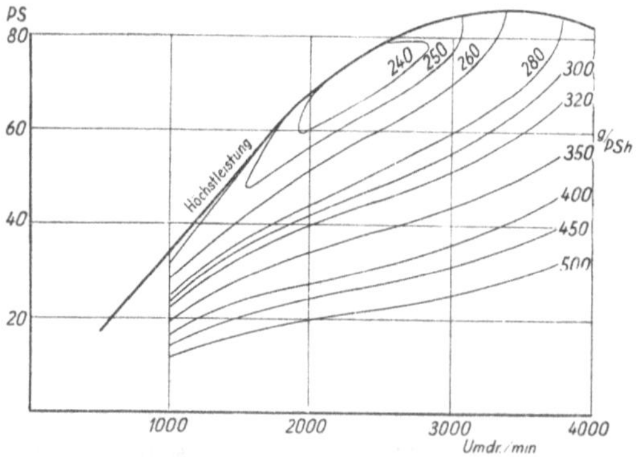

Abb. 9. Leistungsfeld eines Benzinmotors unterhalb der Höchstleistung bei verschiedenen Drehzahlen mit Kurven gleichen Brennstoffverbrauchs für die PSh.

Stunde, die auch erfolgt, wenn bei einer bestimmten Drehzahl absichtlich das Drehmoment durch Drosseln der Füllung vermindert wird. Es treten dann größere Ansaugwiderstände auf und der mechanische Wirkungsgrad wird geringer, weil bei Abnahme der indizierten Arbeit die Reibungsarbeit beinahe unverändert bleibt. Abb. 9 stellt ein Leistungsdiagramm eines Benzinmotors dar, in das Kurven gleichen Brennstoffverbrauches eingetragen sind. Die Ermittlung dieser Kurven erfordert zahlreiche Versuche.

Aus der Leistungskurve kann man nach der Gleichung

(23) $M = 716\, N/n$ mkg den Verlauf des Drehmomentes ableiten (s. Abb. 10).

Will man es zeichnerisch tun, so kann man von dem Umstand Gebrauch machen, daß alle Verbindungslinien von Punkten der Leistungskurve mit dem Nullpunkt des Koordinatensystems mit der Abszisse Winkel bilden, deren Tangenten Verhältniszahlen für den Ausdruck N/n sind, und die durch Abschnitte auf einer bestimmten Ordinate ersetzt werden können. Wählt man dafür die Ordinate im Punkte $n = 716$, dann wird $M = N$ *mkg*, d. h. es gilt

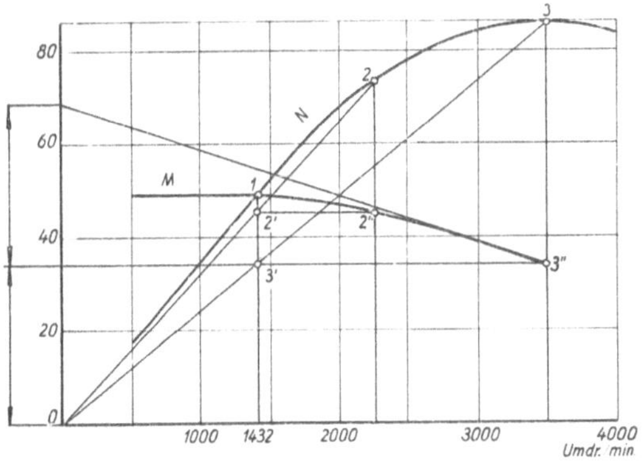

Abb. 10. Zeichnerische Ableitung der Momentkurve und ihrer Richtung bei Höchstleistung.

dann für das Moment derselbe Maßstab, wie für N. Erforderlichenfalls kann man auch 716 mit 2 oder 5 teilen oder multiplizieren, wodurch sich der Maßstab entsprechend ändert, wie in Abb. 10.

Soweit die Leistungskurve eine vom Nullpunkt ausgehende Gerade ist, bleibt das Drehmoment konstant. Im Punkte der Höchstleistung ist $dN = (M\, dn + n\, dM) : 716 = 0$ und demnach $M/n = - dM/dn$, woraus folgt, daß die Verbindungslinie vom Endpunkt der Ordinate des Momentes bei Höchstleistung nach dem Endpunkt des Doppelten dieser Ordinate über $n = 0$ eine Tangente an die Momentenkurve bei N_{max} ist (s. Abb. 10).

Wenn man davon ausgeht, daß bei ähnlich ausgeführten Motoren die Höchstleistungen bei gleichen Gasgeschwindigkeiten, gleichem mittleren Druck und gleichen Kolbengeschwindigkeiten auftreten werden, kann man daraus ableiten, in welchem Verhältnis die Hubräume, Hübe, Zylinderdurchmesser und die Drehzahlen bei Höchstleistung zueinander stehen.

Allgemein gilt für Viertaktmotoren nach Gl. (23)

$$N_1/N_2 = \frac{1{,}11\, p_{e1} \frac{\pi}{4} D_1^2 s_1 a_1 n_1}{1{,}11\, p_{e2} \frac{\pi}{4} D_2^2 s_2 a_2 n_2}. \tag{24}$$

Da der mittlere Druck in beiden Fällen gleich sein soll, vereinfacht sich diese Gleichung zu

$$\frac{N_1}{a_1} \Big/ \frac{N_2}{a_2} = \frac{D_1^2 s_1 n_1}{D_2^2 s_2 n_2}, \tag{25}$$

woraus erhellt, daß die Hubräume V_s sich verhalten wie

$$\frac{V_{s1}}{V_{s2}} = \frac{N_1}{a_1 n_1} : \frac{N_2}{a_2 n_2}. \tag{26}$$

Wenn außerdem wegen der Ähnlichkeit der Zylinder $D_1/D_2 = s_1/s_2$ und wegen der Gleichheit der Kolbengeschwindigkeiten $s_1/s_2 = n_2/n_1$, dann wird

$$\frac{N_1}{a_1} : \frac{N_2}{a_2} = \frac{n_2^3 n_1}{n_1^3 n_2} = n_2^2/n_1^2 \tag{27}$$

oder $\frac{N_1 n_1^2}{a_1} = \frac{N_2 n_2^2}{a_2}$ oder $n_1 \sqrt{N_1/a_1} = n_2 \sqrt{N_2/a_2}$, Hiernach müssen die Höchstleistungen je eines Zylinders ähnlicher Motoren in demselben Koordinatensystem auf einer Kurve liegen, von der Form $\frac{N \cdot n^2}{a} = \text{Konst.}$ (s. Abb. 11). Ausdrücklich muß darauf hingewiesen werden, daß sich dies nur auf ähnlich gebaute Motoren bezieht, während sich bei Abweichungen von der Ähnlichkeit eine andere Kennzahl ergeben kann.

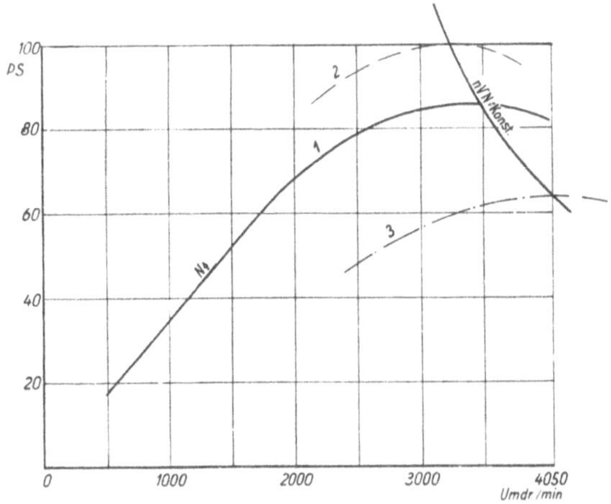

Abb. 11. Höchstleistungen ähnlicher Motoren auf einer Kurve $n\sqrt{N}$ = Konst.

Man bezeichnet $n\sqrt{N/a}$ auch als die Schnelläufigkeit des Motors. Der Vergleichswert $n\sqrt{N}$ ist nur für Motoren mit gleicher Zylinderzahl brauchbar (ATZ 1935, S. 426).

Die Leistung eines Kraftwagenmotors muß auch noch im Zusammenhang mit dem Wagen betrachtet werden. Es kann für jeden Wagen eine von der Geschwindigkeit v m/sek = 3,6 v km/h abhängige Widerstandskurve aufgezeichnet werden, die den Widerstand W in kg angibt, zu dessen Überwindung eine Arbeitsleistung von $N_w = 1/75 \cdot W \cdot v$ PS erforderlich ist (s. Abb. 8). Da der Rollwiderstand ungefähr konstant bleibt, der Luftwiderstand aber mit dem Quadrat der Geschwindigkeit zunimmt, besteht der Widerstand bei höheren Geschwindigkeiten hauptsächlich aus dem Luftwiderstand.

Soll der Wagen auf waagerechter Straße eine bestimmte Höchstgeschwindigkeit V_h erreichen, dann ist aus der PS-

Widerstandskurve die erforderliche Motorleistung abzulesen, worauf man auf der Leistungskurve eines passend erscheinenden Motors, Abb. 8, die entsprechende Leistung und die zugehörige Drehzahl aufsucht. Ist die letztere n_1 und erreichen die Triebräder mit dem Durchmesser D und mit n_2 die in Aussicht genommene Geschwindigkeit, $v = \pi D n_2/60$ m/sek, dann muß zwischen Motor und Triebrädern eine Übersetzung von n_1/n_2 eingeschaltet werden, während mit dem Wechselgetriebe nur auf eine geringere Geschwindigkeit umgeschaltet wird, wenn es sich darum handelt, eine größere Zugkraft zu erzielen (s. S. 55).

Neben dem Geschwindigkeitsmaßstab kann man auf der Abszisse auch die Drehzahl der Räder und des Motors angeben.

Bei einem Dieselmotor ist der Brennstoffverbrauch nicht nur bei vollem Drehmoment günstiger als bei einem Benzinmotor, sondern noch mehr bei nur teilweiser Belastung, weil beim Dieselmotor das Drehmoment nur durch Verminderung der Einspritzung verkleinert wird, so daß der Ansaugewiderstand nicht vergrößert wird. Außerdem tritt beim Dieselmotor bei vermindertem Drehmoment eine Verbesserung des thermischen Wirkungsgrades ein.

G. Begriffe für Abmessungen und Gewichte.

Zur weiteren Kennzeichnung eines Motors findet man im Schrifttum folgende Begriffe:

1. das Hubraumgewicht G/V_s in kg/Liter,
2. den mittleren Arbeitsdruck p_e in kg/cm²,
3. die mittlere Kolbengeschwindigkeit $c = s \cdot n/30$ in m/sek,
4. die Kolbenbelastung oder auch Kolbenleistung N/F in PS/cm²,
5. die Hubraumleistung N/V_s in PS/Liter,
6. das Leistungsgewicht G/N in kg/PS,
7. die Schnelläufigkeit $n\sqrt{N}$.

Diese Begriffe bedürfen einer näheren Erörterung.

Zu 1. Das Hubraumgewicht kennzeichnet die konstruktive Durchbildung. Es hängt ab vom Höchstdruck, von zugelassenen Spannungen im Baustoff und dem Raumgewicht des Baustoffes, sowie von der Formgebung.

Zu 2. Der mittlere effektive Arbeitsdruck hängt ab vom Arbeitsverfahren und seiner Durchführung, sowie vom mechanischen Wirkungsgrad. Näheres S. 31.

Zu 3. Die mittlere Kolbengeschwindigkeit ist bei Viertaktmotoren der mittleren Gasgeschwindigkeit in den Ventilen proportional. Die höchste Kolbengeschwindigkeit ist

$$c_{\max} = v\sqrt{1 + \lambda^2}, \tag{28}$$

worin

$$v = \frac{2r\pi n}{60} = \frac{\pi}{2} \cdot \frac{sn}{30} \tag{29}$$

die Umfangsgeschwindigkeit der Kurbel ist und $\lambda = r/l$ das Verhältnis vom Kurbelradius zur Stangenlänge. Somit ist

$$c_{\max} : c_m = \frac{\pi}{2}\sqrt{1 + \lambda^2}. \tag{30}$$

Für $\lambda = \frac{1}{4}$ ist $\sqrt{1 + \lambda^2} = 1{,}03$; $c_{\max} = 1{,}62\, c_m$.

Zu 4. Die Kolbenleistung ist ein wenig anschaulicher Begriff; teilt man sie durch den Hub, dann erhält man die Hubraumleistung (s. zu 5.).

Zu 5. Die Hubraumleistung ist wichtig. Sie ergibt sich für die Leistung eines Viertaktmotors aus der allgemeinen Gleichung (23)

$$N_e = 1{,}11 \cdot p_e \cdot \frac{\pi}{4} \cdot D^2 san, \tag{31}$$

worin für Zweitaktmotoren 2,22 an Stelle von 1,11 stehen muß. Da der Hubraum $V_s = \frac{\pi}{4} D^2 sa$, ist die Hubraumleistung

$N_e/V_s = 1{,}11\, p_e n$ bzw. $2{,}22\, p_e n$. Den Ausdruck $p_e n = J$ kann man auch als die Intensität bezeichnen, mit der der Motor arbeitet. Sie ist der Hubraumleistung proportional.

Zu 6. Das Leistungsgewicht ist ein leicht faßlicher Begriff, der kaum einer Erklärung bedarf. Schreibt man aber $G/N_e = G/2{,}22 p_e V_s n$, so sieht man, daß es sich um das Verhältnis des Hubraumgewichtes G/V_s zur Intensität $p_e n$ handelt.

Zu 7. Die Schnelläufigkeit $n\sqrt{N/a}$ ist auf S. 36 bereits besprochen und abgeleitet. Es geht daraus hervor, daß die Schnelläufigkeit zweier Motoren verschieden sein muß, wenn eine der Größen p_e, s/D oder $s \cdot n$ bei beiden Motoren verschieden ist und daß sie nur wieder gleich werden kann, wenn die Unterschiede bei zwei oder allen drei Größen einander aufheben. Sehr anschaulich ist der Begriff nicht. Es dürfte auch schwer sein, bestimmte Folgerungen aus den Werten für $n\sqrt{N/a}$ zu ziehen.

Man könnte besser die mittlere Kolbengeschwindigkeit eines Motors, bei der er seine Höchstleistung erreicht, als Schnelläufigkeit bezeichnen oder, wenn man die spezifischen Leistungen vergleichen will, das Produkt aus Kolbengeschwindigkeit und mittlerem Druck $s \cdot n \cdot p_e$ kg m/cm²sek. Dieser Ausdruck würde aber der unter 4. genannten Kolbenbelastung oder Kolbenleistung proportional sein und könnte ebenso gut durch diese ersetzt werden.

VI. Allgemeine Einrichtungen der Brennkraftmaschinen.

A. Anlaßvorrichtungen.

In Bd. II S. 56 ist bereits auseinandergesetzt, warum ein Motor nicht wie eine Dampfmaschine anlaufen kann und welche Hilfsmittel zum Anlassen benutzt werden. Einzelheiten finden sich noch bei einigen Motorbeschreibungen.

Da es sich bei einem Motor für Verkehrszwecke stets darum handelt, beim oder nach dem Anlassen verhältnismäßig große Massen vom Stillstand aus in Bewegung zu setzen, wofür je nach den verfügbaren PS eine gewisse Zeit erforderlich ist, muß hier nochmals darauf gewiesen werden, daß eine Brennkraftmaschine als solche nicht beliebig langsam laufen kann. Sie wird deshalb beim Anlassen vom Stillstand aus, mit irgend einem der in Bd. II genannten Hilfsmittel, über die untere Grenze ihrer Drehzahl gebracht und läuft dann erst mit Brennstoff selbständig weiter.

Befindet sich beim Anlassen, wie gewöhnlich, das Verkehrsmittel nicht in Bewegung, dann läßt man erst den Motor losgekuppelt anlaufen, muß aber bei rein statischem Antrieb, da das Fahrzeug sich nur allmählich in Bewegung setzen kann, für die Möglichkeit des Gleitens der Übertragung sorgen, das dann solange stattfinden muß, bis der Motor auch ohne Gleiten über seiner unteren Drehzahlgrenze laufen kann. Hierzu dienen meistens Reibungskupplungen, wie sie weiterhin auf verschiedenen Abbildungen von Automobilmotoren zu finden sind.

Bei dynamisch wirkenden Zwischengliedern oder gänzlich dynamischem Antrieb (s. S. 9) ergibt sich das Gleiten von selbst.

B. Zündung.

Als Fremdzündung im Gegensatz zur Eigenzündung durch Verdichtungswärme kommt nur noch die elektrische Hochspannungszündung in Betracht, die in Bd. II S. 53—56 besprochen ist. Hinzugefügt sei hier nur, daß die selbsttätige Verstellung des Zündzeitpunktes auch durch den auf eine Membran wirkenden Unterdruck in der Ansaugleitung bewirkt wird. Dieser Unterdruck hängt aber nicht allein von der Drehzahl des Motors ab, sondern auch von dem jeweiligen Stand der Drosselklappe.

C. Kühlung.

Über die Notwendigkeit der Kühlung und die verschiedenen Möglichkeiten ist in Bd. II S. 49 bereits das Nötige gesagt. Bei Land- und Luftfahrzeugen steht die Luft als Wärmeaufnehmer zur Verfügung. Auch durch Strahlung kann Wärme abgegeben werden, jedoch nicht in genügender Menge, wobei sich ihr Verbleib nicht nachweisen läßt. Es kommt mittelbare und unmittelbare Luftkühlung in Betracht. Beide Arten sollen hier ausführlicher besprochen werden.

Wie groß die abzuführende Wärme ist, läßt sich nicht allgemein sagen. Sie schwankt je nach der Motorart zwischen 200 und 500 kcal/PSh. Wenn man die stündlich abzugebende Wärmemenge Q als gegeben ansieht, geht aus der Gleichung für die Wärmeübertragung (s. Bd. I S. 39)

$$Q = O\alpha(\vartheta_2 - t_2)\,\text{kcal}, \tag{32}$$

worin O die zu kühlende Oberfläche in m², α die Wärmeübertragungszahl in kcal/hm² C° und $\vartheta_2 - t_2$ der Temperaturunterschied in C° zwischen Wand und Kühlmittel ist, hervor, daß bei gegebenem α und einem Höchstmaß für die Wandtemperatur ϑ_2 die Oberfläche O ein gewisses Maß nicht unterschreiten darf, das bei weitem nicht erreicht wird, wenn man die glatte Zylinderoberfläche unmittelbar mit Luft kühlen wollte, weil hierbei α zu klein ist. Es wird deshalb mittelbare Kühlung in der Weise angewandt, daß die Wärme erst auf eine sich im Kreislauf befindende Flüssigkeit übertragen wird, die dann die Wärme durch die vielfach größere Fläche eines Kühlers auf einen Luftstrom überträgt, oder unmittelbare Kühlung, wobei die äußere Zylinderoberfläche durch metallene Rippen so vergrößert wird, daß sie zur Wärmeübertragung an die Luft ausreicht. Dabei muß aber ein kräftiger Luftstrom vorausgesetzt werden, um ein genügend großes α zu erreichen und um die erforderliche Luft zuzuführen.

Da die spezifische Wärme von 1 m³ Luft bei konstantem Druck ist

$$c_p = 0{,}26 \text{ kcal/m}^3 \text{ C}^0, \qquad (33)$$

so sind bei gleicher Erwärmung für gleiches Q rund 4 m³ Luft an Stelle von 1 kg Wasser erforderlich.

Zur mittelbaren Kühlung benutzt man meist Wasser unter dem Druck der Außenluft. Um im Winter bei stillstehendem Motor Einfrieren zu verhüten, wird dem Wasser Spiritus, Glyzerin oder ein ähnliches Mittel zugesetzt, das den Gefrierpunkt herabsetzt. Zu beachten ist auch die mit dem Luftdruck abnehmende Siedetemperatur. Siehe Zahlentafel V auf S. 29.

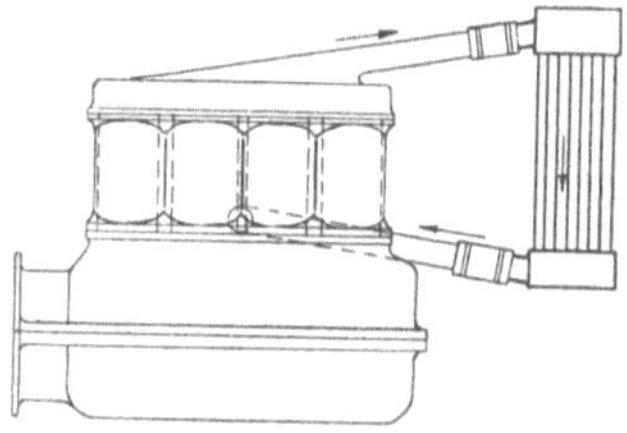

Abb. 12. Motor mit Thermosyphonkühlung. Ursache des Wasserumlaufes ist der Unterschied im Raumgewicht des Wassers bei verschiedener Temperatur.

Will man Heißkühlung anwenden, womit eine kleine Brennstoffersparnis zu erzielen ist, vor allem aber weil wegen des größeren Temperaturunterschiedes mit der Luft ein kleinerer Kühler genügt, dann kann man entweder das Wasser nach außen abschließen, so daß ein gewisser Dampfüberdruck entsteht oder eine höher siedende Flüssigkeit, wie Glykol ($C_2H_4(OH)^2$), benutzen, das seinen Siedepunkt bei 197,5° C hat und ein spez. Gewicht von 1,128 bei 0°. Es erstarrt unter + 12°.

Der Flüssigkeitsumlauf kann durch den Gewichtsunterschied zwischen der wärmeren und kühleren

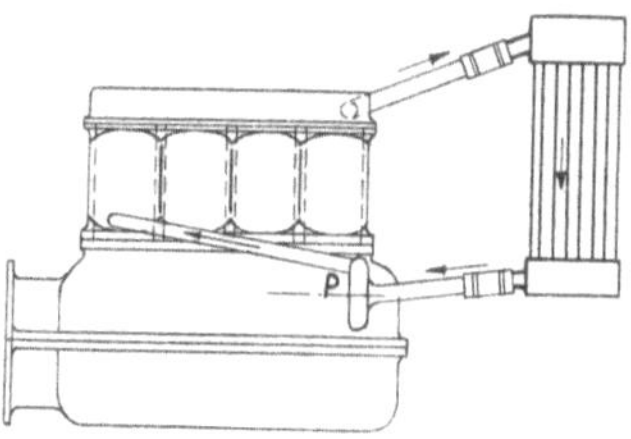

Abb. 13. Motor mit Pumpenkühlung. Die Schleuderpumpe P sorgt für den Wasserumlauf.

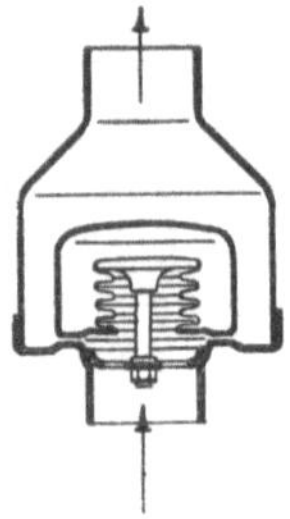

Abb. 14.

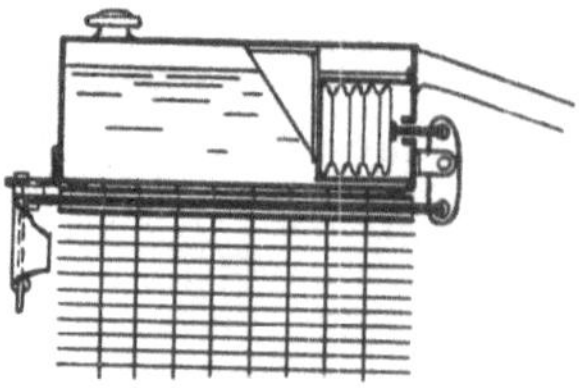

Abb. 15.

Abb. 14. Thermostat zur Erhaltung gleichmäßiger Temperatur des Kühlmittels durch Regelung des Umlaufs.

Abb. 15. Thermostat zur Erhaltung gleichmäßiger Temperatur des Kühlmittels durch Regelung des Luftzutritts.

Flüssigkeit hervorgerufen werden, wird aber vielfach auch noch durch eine vom Motor angetriebene Schleuderpumpe befördert. Im ersteren Falle spricht man von einer Thermosyphonkühlung (s. Abb. 12), im zweiten von einer Pumpenkühlung (s. Abb. 13). Um die Temperatur des Kühlwassers nicht unter eine gewisse Höhe sinken zu lassen, werden selbsttätige Einrichtungen zur Regelung des Wasserumlaufes oder des Luftstromes angewandt, sog. Thermostaten (s. Abb. 14 u. 15).

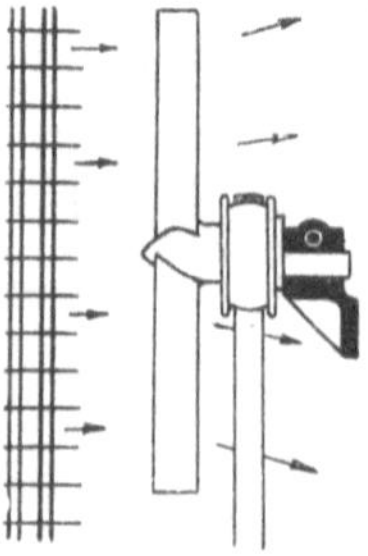

Abb. 16. Lüfter hinter dem Kühler zum Durchsaugen des Luftstromes.

Wenn alles vollkommen dicht ist und die Flüssigkeit ihren Siedepunkt nicht überschreitet, findet kein Flüssigkeitsverlust statt. Etwa sich bildender Dampf muß jedoch entweichen können, bei Heißkühlung unter Überdruck durch ein entsprechend belastetes Ventil. Außerdem müssen Nachfüll- und Ablaßvorrichtungen vorhanden sein.

Der zur Kühlung des Kühlers erforderliche Luftstrom wird hauptsächlich durch den Fahrwind erzeugt. Zur Verstärkung dieses Stromes wird bei Landfahrzeugen meist noch ein vom Motor angetriebener Ventilator angebracht, der eine saugende Wirkung hinter dem Kühler ausübt (s. Abb. 16).

Der dem Fahrwind ausgesetzte Kühler verursacht natürlich einen gewissen Luftwiderstand. Ob man diesen ganz

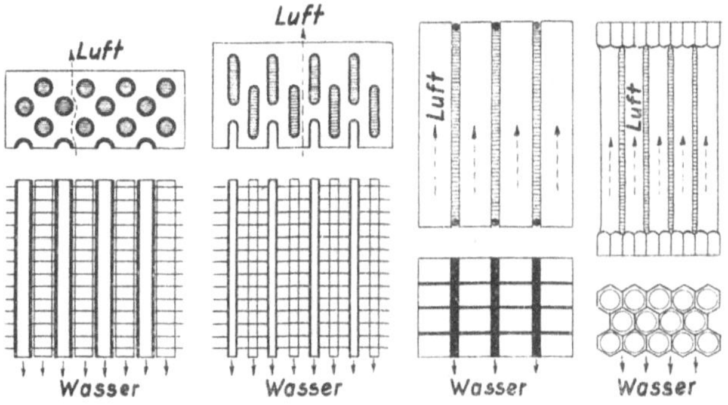

Abb. 17. Abb. 18. Abb. 19. Abb. 20.

Abb. 17. Kühler mit senkrechten, kreisförmigen Rohren, die vom Kühlmittel durchflossen werden, und mit waagerechten Blechen zur Vergrößerung der luftberührten Fläche. — Abb. 18. Kühler, wie in Abb. 17, jedoch mit platten Rohren, die bei größerer Oberfläche einen kleineren Inhalt haben. — Abb. 19. Kühler, bestehend aus aufeinandergestapelten waagerechten Luftrohren mit rechteckigem Querschnitt. Durch an den Enden zwischen den Rohren eingelegte Drähte erhalten die senkrechten Wände einen Abstand für den Wasserdurchfluß. — Abb. 20. Kühler, bestehend aus aufeinandergestapelten, sechseckigen Luftrohren, die an den Enden aufgeweitet sind und dadurch einen Abstand für den Wasserdurchlaß erhalten.

als schädlichen Widerstand des Kühlers ansehen kann, hängt davon ab, ob der Kühler nicht andere Teile des Fahrzeuges dem Luftwiderstand entzieht. Man kann auch Flächen, die an und für sich vorhanden sind, doppelwandig ausführen und als Kühler benutzen. Ein zusätzlicher Kühlerwiderstand ist dann nicht vorhanden. Bei Flugzeugen wird gelegentlich hiervon Gebrauch gemacht.

Die Kühler werden im allgemeinen aus sehr dünn-

Abb. 21. Kühler, bestehend aus Blechstreifen, die durch profilierte Walzen geformt und teilweise gelocht sind. Es sind zwei Sorten Streifen, von denen die eine die Wasserräume bildet, während die andere nur mit Luft in Berührung kommt. (Die Auflagefläche des dargestellten Teiles steht im Gebrauch senkrecht.)

wandigen Kupfer- oder Messingplatten oder Röhren ausgeführt, die von der einen Seite vom Wasser und von der anderen vom Luftstrom berührt werden oder aber zum Teil beiderseits vom Luftstrom. In diesem Falle stehen sie mit wasserberührten Flächen auf solche Weise in Verbindung, daß die Wärme durch Leitung im Metall übertragen wird. Der Wasserraum des Kühlers wird zwecks Gewichtsersparnis möglichst klein gehalten (s. Abb. 17—21).

Der ganze Kühler bildet meist einen plattenförmigen

Körper, dessen Dicke dem Weg des Luftstroms entspricht. Diese Dicke oder Tiefe beträgt bei Kraftwagenkühlern 60 bis 100 mm, bei Flugzeugkühlern bis zu 300 mm. Bei tieferen Kühlern müssen die Durchstromöffnungen größer sein.

Außer bei den Zylindern ist auch Wärmeabführung bei Kolben, Ventilen, Zündkerzen und Lagern nötig. Großenteils geschieht dies durch Überleitung auf andere, der Luft oder der Kühlflüssigkeit mehr ausgesetzte Teile (s. Abb. 43, Kolben S. 75). Man muß beim Entwurf des Motors darauf achten, daß ein solcher Wärmeübergang mit möglichst geringem Temperaturgefälle stattfinden kann, wozu die Abmessungen des Baustoffes und seine Wärmeleitfähigkeit beitragen können.

Bei Ventilen befördert man die Wärmeverteilung durch schmelzendes Salz oder metallisches Natrium (Schmelztemp. 98°, Siedetemp. 742°), das einen im Innern des Ventilkörpers angebrachten Hohlraum zum Teil füllt; bei Zündkerzen durch rippenförmige Ausbildung des Metallkörpers, bei Lagern durch reichliche Zufuhr von Schmieröl, das wieder abgekühlt werden muß, wozu zuweilen ein unter dem Wasserkühler angebrachter besonderer Kühler dient. Auch wirkt ein die Bodenwanne des Motors bestreichender Luftstrom kühlend.

D. Schmierung.

(s. Bd. II S. 48).

Bei allen neuzeitlichen, schnellaufenden Motoren für Verkehrszwecke wird Umlaufschmierung angewandt, d. h. ein Ölstrom wird den Schmierstellen unter einem gewissen Überdruck zugeführt. Das abfließende Öl wird aufgefangen, nötigenfalls gekühlt und gereinigt und wieder in Umlauf gebracht. Bei sorgfältiger Abdichtung der Maschine ist hierbei der Ölverbrauch nicht größer als bei sparsamer Tropfenschmierung.

Die Zylinderlaufflächen erhalten nur bei Motoren großer Abmessungen, wie Schiffsdieselmotoren, besondere Schmierung; bei kleineren genügt das Öl, das von der Welle gegen die Zylinderwände spritzt. Man muß sogar dafür sorgen, daß nicht zuviel Öl auf den Wänden haftet, in den Verbrennungsraum gelangt und verbrennt oder verkokt. Zu dem Zweck wird häufig am unteren Ende des Kolbens ein Ölabstreifring angebracht.

Das Öl kann den Lagerstellen durch eine verzweigte Leitung zugeführt werden, oder von einem Hauptlager aus durch die durchbohrte Kurbelwelle zu den übrigen Lagerstellen (s. Abb. 90 auf S. 127).

An die Beschaffenheit des Schmieröls werden zahlreiche Anforderungen gestellt.

E. Ausnutzung der Abfallwärme.

Als Abfallwärme, die ausnutzbar sein könnte, hat man die Wärme der Auspuffgase und die der Kühlflüssigkeit anzusehen. Eine Ausnutzung zur Krafterzeugung findet bei einzelnen Flugmotoren auf die Weise statt, daß die noch unter Überdruck stehenden Auspuffgase zum Antrieb einer mit einem Turbogebläse gekuppelten Gasturbine benutzt werden, um die Ladeluft auf atmosphärischen Druck oder darüber hinaus zu verdichten. Beheizung von Dampfkesseln zum Zwecke der Krafterzeugung findet nicht statt, da die damit verbundene Umständlichkeit und Gewichtsvermehrung im Gegensatz zu Motorschiffen bei den Land- und Luftfahrzeugen durch den erzielbaren Nutzen nicht aufgewogen würde.

Dagegen kann die häufig erforderliche Beheizung der Aufenthaltsräume gerade durch Ausnutzung der Abfallwärme auf einfachste Weise bewerkstelligt werden, indem man die Abgase oder das Kühlwasser durch Wärme abgebende Röhren durch die zu erwärmenden Räume leitet, oder indem man Luft in diese hineinbläst, die außerhalb mit Hilfe des Kühlwassers oder der Auspuffgase erwärmt ist.

F. Dämpfung von Geräuschen.

Der Dämpfung oder Vermeidung von Geräuschen muß bei allen dem Verkehr dienenden Motoren besondere Aufmerksamkeit gewidmet werden. Trotz der außerordentlichen Erhöhung der Drehzahlen, wodurch Geräusche sehr stark befördert werden, ist man im allgemeinen mit der Unterdrückung der Geräusche sehr weit gekommen. Die dazu dienenden Maßnahmen bestehen in sorgfältigem Entwurf aller beweglichen Teile, genauster Ausführung, Verwendung verschleißfester Baustoffe und Einkapselung der ganzen Maschine (s. auch Bd. II S. 59—61). Geräusche, die beim Ansaugen oder Auspuff entstehen, dämpft man mit gutem Erfolg mit sog. akustischen Filtern, die bestimmte Frequenzbänder dieser Geräusche dämpfen. Diese Filter verursachen keinen zusätzlichen Widerstand.

G. Instrumente für die Bedienung.

Eine Anzahl Instrumente dient dazu, den Betriebszustand des Motors jederzeit erkennen zu lassen.

Ein Tachometer zeigt die augenblickliche Drehzahl an.

Die Wirkung dieses Instrumentes beruht entweder auf der Zentrifugalwirkung umlaufender Massen, oder auf der Drehkraft, die eine in dem Feld eines Dauermagneten rotierende Metallscheibe auf diesen ausübt. In beiden Fällen wird die Gegenkraft durch eine Feder gebildet. Die Einteilung zeigt Umd. i. d. Min. an oder bei Kraftwagen und Motorrädern km/h, die der Drehzahl proportional sind.

Thermometer dienen zur Messung der Temperatur des Kühlmittels, des Schmieröls und des Auspuffs.

Ein Manometer zeigt den Druck in der Schmierölleitung an.

Das Drehmoment, dessen Messung nicht unwichtig wäre, wird nicht angezeigt, weil es dafür keine genügend einfache Einrichtung gibt. Nur bei elektrischer Übertragung kann man aus Spannung und Stromstärke auf das Drehmoment schließen. Ferner kann der Vorrat an Treibstoff auf Instrumenten abgelesen werden.

VII. Das Drehmoment.

A. Ungleichförmigkeit des Drehmomentes.

Wenn bei einer Einzylindermaschine der auf den Kolben wirkende Gasdruck P konstant wäre, würde doch bei jedem Kolbenhub die Tangentialkraft T und damit das Drehmoment $M = Tr$, mit null beginnen und über einen Höchstwert am Ende des Hubes wieder null werden, da

$$T = P(\sin(\alpha + \beta) : \cos\beta). \qquad (34)$$

Wie in Bd. II S. 43 näher ausgeführt, ist die Kolbenleistung in jedem Zeitabschnitt gleich der Kurbelleistung. Kolben- und Tangentialkraft verhalten sich demnach umgekehrt wie die zugehörigen Geschwindigkeiten $T/P = c/v$. Ein Bild der Kolbengeschwindigkeit ist demnach zugleich ein Bild der Tangentialkraft für eine konstante Kolbenkraft P. Der Gasdruck ist aber sehr veränderlich und wirkt außerdem bei ausgehendem Kolben, d. h. beim Ausdehnungshub, positiv und bei eingehendem Kolben, d. h. beim Verdichtungshub, negativ. Beim Viertaktmotor ist beim Auslaß- und Ansaugehub der Gasdruck nur unbedeutend und kann bei diesen Betrachtungen vernachlässigt werden. Ein aus dem Gasdruck sich ergebendes Tangentialdruckdiagramm für Viertakt findet man in Abb. 23. Siehe auch Bd. II S. 45. Außer dem Gasdruck wirken auf das Drehmoment die Trägheitskräfte der schwingenden Massen ein, die abwechselnd positiv und negativ sind.

So geht der Kolben, zu dem auch ein Teil der Schubstange gerechnet werden kann, auf und nieder. Er muß von jedem Totpunkt aus beschleunigt werden, erreicht eine Höchstgeschwindigkeit (s. Abb. 23) und wird von da ab wieder verlangsamt, um im anderen

Totpunkt wieder auf die Geschwindigkeit null zu kommen, worauf sich der Vorgang wiederholt. Die dafür erforderlichen positiven und negativen Beschleunigungen errechnet man nach der Näherungsformel $K = M\omega^2 r\,(\cos\alpha + \lambda\cos 2\alpha)$ kg. (35)
M ist die Masse der hin- und hergehenden Teile in kg, ω die Winkelgeschwindigkeit der Kurbel in rad/sek, r der Kurbelradius in m, α der vom inneren Totpunkt aus abgelegte Kurbelwinkel (s. Abb. 22).

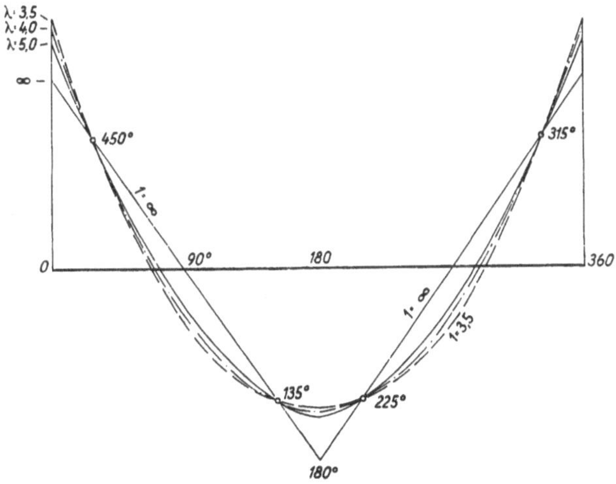

Abb. 22. Trägheitskräfte K der schwingenden Massen bei verschiedenem λ. $K = M\,\omega^2\,r\,(\cos\alpha + \lambda\cos 2\alpha)$, $\lambda = r/l$, $M\,\omega\,r$ angenommen gleich 1,0.

Man kann die Trägheitswirkung der Schubstange dadurch in Rechnung bringen, daß man ihre Masse M in zwei Massen M_1 und M_2 unterteilt, die der Kurbel bzw. dem Kreuzkopfzapfen zugeteilt werden und sich umgekehrt verhalten, wie die Abstände dieser beiden Punkte vom Schubstangenschwerpunkt.

$$M_1 s_1 = M_2 s_2 \text{ und } M_1 + M_2 = M. \qquad (36)$$

Außerdem führt die Schubstange eine schwingende Bewegung um ihren Schwerpunkt aus. Die Umkehr der Schwingung findet statt bei $\alpha_1 = 90^0$ und $\alpha_2 = 270^0$.

Alle Beschleunigungen sind dem Quadrat der Winkelgeschwindigkeit $\omega = \frac{\pi n}{30}$ proportional. Infolgedessen können die Beschleunigungskräfte bei hohen Drehzahlen sehr hohe Werte erreichen und können die Wirkung des Gasdruckes auf den Kolben weit übertreffen. Die Beschleunigungen haben bei unveränderlicher Drehzahl keine Vermehrung oder Verminderung der Gasarbeit zur Folge, wohl aber eine bedeutende Veränderung in der Verteilung der Arbeit auf den Kolbenhub und damit auch eine entsprechende Veränderung in der Verteilung des Drehmomentes. Um dies deutlich zu machen, sind in Abb. 23 das Drehkraftdiagramm des Gasdruckes einer Viertaktmaschine aufgezeichnet und darunter Drehkraftdiagramme der zugehörigen Massen bei $n = 1000$, 2000, 3000 und 4000. Die Gas- und Massendiagramme ergeben vereinigt die darunterstehenden endgültigen Diagramme. Die Ungleichförmigkeit des Drehmomentes kann bei Anordnung mehrerer Zylinder in der Weise verringert werden, daß die Arbeitsvorgänge zeitlich in gleichen Abständen aufeinanderfolgen. Der Arbeitsvorgang umfaßt beim Viertaktmotor $2 \cdot 360 = 720^0$ Kurbelweg und beim Zweitaktmotor 360^0. Man läßt darum, wenn a die Zylinderzahl ist, beim Viertaktmotor die Spiele nach $(720/a)^0$ und beim Zweitaktmotor nach $(360/a)^0$ Kurbeldrehung aufeinanderfolgen (s. Bd. II S. 46).

Stehen die Zylinder parallel in einer Reihe, dann werden die Kurbeln um den entsprechenden Winkel gegeneinander versetzt; z. B. bei Viertaktmotoren mit vier Zylindern um 180^0, mit sechs Zylindern um 120^0. Stehen die Zylinder jedoch in zwei Reihen in V-Form, dann muß der V-Winkel gleich dem errechneten Kurbelabstandswinkel sein. Die Kurbeln selbst haben dann untereinander den doppelten Abstandswinkel, wodurch die Arbeitsspiele sämtlicher Zylinder unter dem einfachen Winkel aufeinanderfolgen. Bei Sternmotoren (s. S. 134) sind nicht die Kurbeln, sondern die

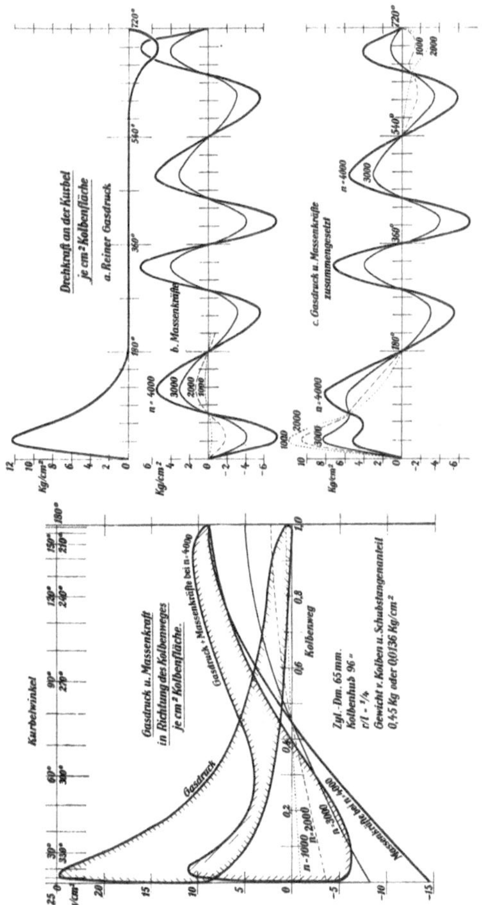

Abb. 23. Gasdruck und Massenkräfte eines Einzylinder-Viertaktvergasermotors bei verschiedenen Drehzahlen.

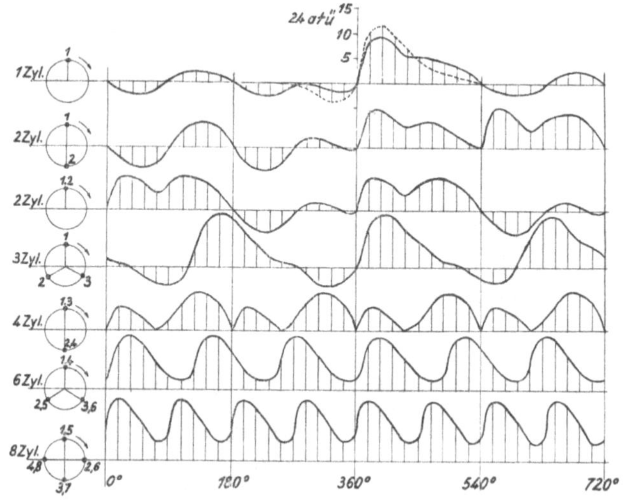

Abb. 24. Drehkraftverlauf bei Viertaktmotoren gleicher Zylinderleistung mit verschiedenen Zylinderzahlen. Die Zahlen bei den Kurbeln zeigen die Zündfolge an, aber nicht die Reihenfolge der Zylinder.

Zylinder, die auf eine gemeinschaftliche Kurbel arbeiten, gegeneinander versetzt. Es sei darauf aufmerksam gemacht, daß es für die Gleichmäßigkeit des Drehmomentes nicht darauf ankommt, in welcher Folge die Zylinder einer Reihe stehen, die mit ihren Arbeitsspielen aufeinanderfolgen. Diese Folge wird vielmehr erst bedingt durch den Massenausgleich, die Lagerbelastungen und Drehschwingungen. In Abb. 24 sind Drehkraftdiagramme für 2, 3, 4, 6 und 8 Zylinder dargestellt, aus denen die Verbesserung der Gleichförmigkeit mit zunehmender Zylinderzahl hervorgeht.

B. Ungleichförmigkeit des Ganges.

Die Ungleichförmigkeit des Drehmomentes verursacht eine Ungleichförmigkeit der Winkelgeschwindigkeit der Welle, deren Größe mit abhängt von der Drehzahl und dem Trägheitsmoment der umlaufenden oder schwingenden oder sonst sich bewegenden Massen (s. Bd. II S. 43—45). Zu diesen Massen gehören z. B. bei einem Kraftwagen mit vollkommen starrer Übertragung auf die Triebräder außer den Triebwerksteilen und dem Schwungrad, der Wagen selbst und die Räder. Da bei einem Vierzylinder-Viertakt bei jeder Umdrehung zwei Maxima und zwei Minima der Drehkraft auftreten, würden bei einer Übersetzung von 6:1 von der Motorwelle auf die Hinterräder 12 Perioden der Drehkraft während einer Radumdrehung auftreten. Diese sind tatsächlich vorhanden und verursachen auch bei jeder Radumdrehung 12 Maxima und 12 Minima der Wagengeschwindigkeit. Einerseits jedoch durch die große Trägheit der Gesamtmasse und andererseits durch den Umstand, daß die Übertragung zwischen Motor und Rädern eine gewisse elastische Verdrehung zuläßt, werden die periodischen Geschwindigkeitsänderungen des Wagens so klein, daß sie selbst bei geringer Geschwindigkeit nicht fühlbar sind.

C. Wandler des Drehmomentes.

Das Produkt aus Drehmoment und minutlicher Drehzahl eines Motors $M \cdot n$ mkg/min ergibt das 716fache seiner Leistung in PS$\cdot$Mn/716 $= N$. Wenn auch das Produkt dem Ver wendungszweck entspricht, so ist dies doch vielfach bei einem der beiden Faktoren nicht der Fall und es muß dann eine Umwandlung vorgenommen werden, die nicht ohne Verlust vor sich geht. Mit dem Wirkungsgrad η wird $M_2 n_2 = M_1 n_1 \eta$. Durch die Wahl des einen Faktors ist der andere gegeben.

Man spricht im allgemeinen von einer Übersetzung n_1/n_2, und zwar ins Langsame, wenn $n_1 > n_2$, und ins Schnelle, wenn $n_1 < n_2$. Eine unveränderliche Übersetzung nennt man auch eine feste. Vielfach sind die Übersetzungen aber veränderlich, und zwar in einer bestimmten Anzahl Stufen, oder stufenlos kontinuierlich innerhalb bestimmter Grenzen.

Die zeitweilige Veränderung der Übersetzung dient bei Fahrzeugen zur Erhöhung des Drehmomentes, zugleich der Umfangskraft der Räder oder der Zugkraft, wenn sich besondere Widerstände entgegenstellen, wie auf Steigungen, oder, wenn beim Anfahren möglichst die volle Leistung des Motors zur Beschleunigung verwendet werden soll.

Früher angewandte Reibradübertragung, obwohl nicht ganz aussichtslos, da Reibräder die stufenlose Veränderung der Übersetzung möglich machen, kommt kaum noch vor, da Reibräder bei dem erforderlichen hohen Anpressungsdruck zu sehr der Abnutzung unterliegen. Überwiegend werden Zahnräder benutzt, daneben hydraulische, hydrodynamische und elektrische Übertragung, sowie Sperradgetriebe.

Die hohen Ansprüche, die bei Zahnrädern an die Form, den Baustoff und die Bearbeitung gestellt werden, haben die Entwicklung der Zahnradherstellung außerordentlich gefördert. Wo nur eine feste Übersetzung nötig ist, wie bei Flugmotoren, sind Zahnräder wegen ihrer geringen Abmessungen und ihres hohen Wirkungsgrades unübertrefflich. Bei veränderlicher Übersetzung haben sie den Nachteil, daß sie sich nur stufenweise schalten lassen und daß für jede Stufe ein Zahnradpaar vorhanden sein muß. Auch ist die Schaltung, d. h. der Übergang von einer Stufe zu einer anderen, schwierig, weil die Räder des einzuschaltenden Paares im Augenblick der Ausschaltung des anderen Paares verschiedene Umfangsgeschwindigkeit haben, also nicht ohne weiteres ineinander geschoben werden können.

Grundsätzlich wird darum beim Umschalten der Motor abgekuppelt, so daß es fast nur die Masse eines Zahnrades mit einer Kupplungshälfte ist, die sich einer anderen Geschwindigkeit anpassen muß. Abb. 25 zeigt ein Wechselgetriebe für Kraftwagen in einfachster Ausführung. Bei anderen, höher entwickelten Getrieben findet kurz vor dem

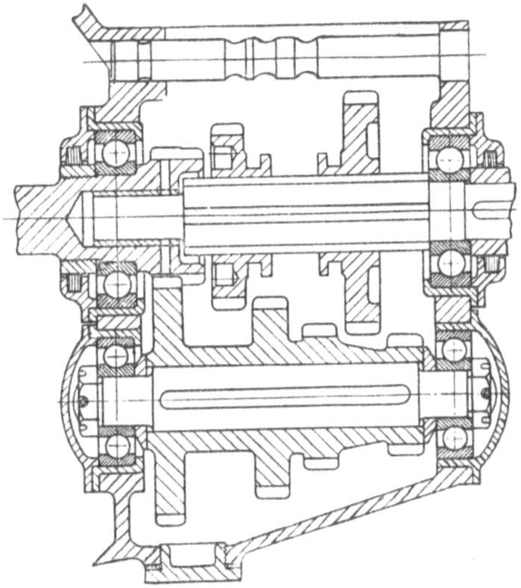

Abb. 25. Wechselgetriebe mit drei Gängen für einen kleinen Personenwagen. Die Welle im Bilde oben links wird vom Motor angetrieben. Die in ihrer Verlängerung liegende Welle führt zu den Triebrädern. Die untere Welle mit den darauf befestigten Zahnrädern läuft ständig mit. Für den ersten Gang wird das große Rad der oberen Welle nach links verschoben. Für den zweiten Gang wird das mittlere Rad nach rechts, für den dritten Gang wird dieses Rad nach links verschoben, wodurch die Motorwelle mit der oberen Welle gekuppelt wird und der direkte Gang entsteht. Für den Rückwärtsgang wird das große Rad nach rechts verschoben und kommt dann über ein in der Abbildung nicht sichtbares Rad mit dem rechten Rade der unteren Welle in Verbindung.

Eingreifen der Räder eine Synchronisierung durch Reibungsmitnehmer statt oder es befinden sich die Räderpaare ständig im Eingriff und werden nach Wahl mit einer der beiden Wellen gekuppelt, auf der sie sonst lose laufen. Andere Getriebe arbeiten mit Planeträdersätzen, wobei der jeweils durch eine Bremse festgestellte oder gekuppelte Satz zur Übertragung dient.

Die Getriebe für Kraftwagen müssen auch eine Rückwärtsbewegung haben, die jedoch nur für geringe Geschwin-

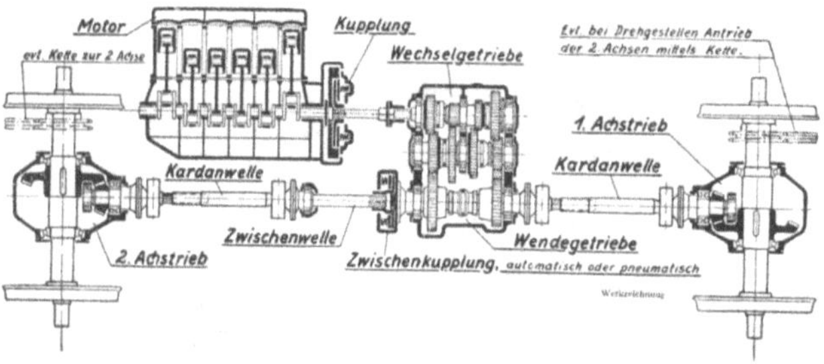

Abb. 26. Wechsel- und Wendegetriebe für einen Eisenbahntriebwagen. Deutsche Getriebe G.m.b.H.

digkeit berechnet ist. Dagegen müssen Schienenfahrzeuge in beiden Richtungen mit gleicher Stufenzahl fahren können, wofür außer dem Wechselgetriebe Umkehrgetriebe nötig sind. In Abb. 26 ist ein vollständiges Getriebe für Schienenfahrzeuge von der Deutschen Getriebe G. m. b. H. dargestellt.

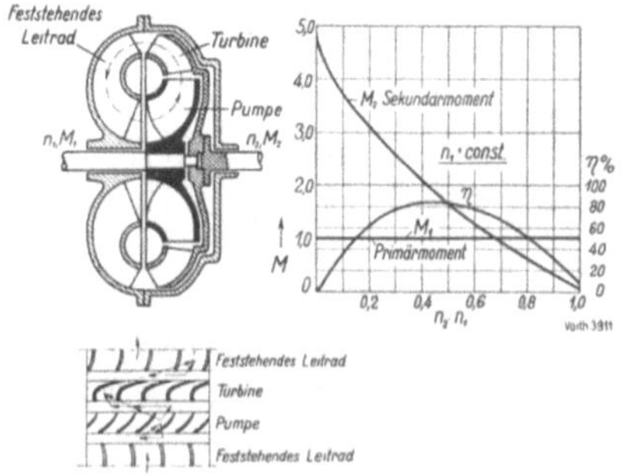

Abb. 27. Turbowandler von J. M. Voith. Schematischer Schnitt, Kennlinien und Abwicklung der Beschaufelung.

Die Zahnräderpaare befinden sich ständig im Eingriff, jedoch ist nur je ein Rad eines Paares mit einer Welle fest verbunden, während das andere mit der anderen Welle gekuppelt werden kann.

Hydraulische, d. h. durch Öl oder Wasserdruck mit Zylindern und Kolben wirkende Getriebe, wie man sie bei Werkzeugmaschinen findet, werden bei Fahrzeugen nicht mehr angewandt, obwohl sie die Möglichkeit stufenloser Schaltung besitzen.

Dagegen hat sich aus dem **hydrodynamischen** Föttingertransformator, der ursprünglich für Schiffsdampfturbinen bestimmt war, ein für Straßen- und Schienenfahrzeuge sehr brauchbares Getriebe entwickelt, wovon als Beispiel ein Voith-Turbogetriebe schematisch wiedergegeben ist.

Im Wandler, Abb. 27, befinden sich ein vom Motor angetriebenes Pumpenrad, ein feststehendes Leitrad und ein zum Antrieb der Räder dienendes Triebrad, alle drei so zusammengebaut, daß beim Umlauf der sich in dem System befindenden Flüssigkeit nur ein Minimum von Strömungsverlusten auftritt. Aus den beigefügten Kurven ergibt sich, daß das sekundäre Moment fast auf das fünffache des primären steigen kann, allerdings bei einem sehr geringen Wirkungsgrad, während dieser am höchsten ist bei einer Übersetzung von $n_2/n_1 = 0,3$ bis $0,6 = 1/3,3$ bis $1/1,66$. Abb. 28 zeigt einen schematischen Schnitt durch die einfachere Strömungskupplung, die auch unter dem Namen Vulkankupplung bekannt ist, und bei der n_2/n_1 nur von 1,0 ab kleiner werden kann, indem mit zunehmendem Belastungsmoment auch der Schlupf zunimmt. Man hat es hierbei nicht mit einem Wandler zu tun, sondern nur mit einer Schlupfkupplung. Da, wie bei jeder Kupplung, das antreibende Moment gleich dem abgegebenen ist, und keine anderen äußeren Momente oder Kräfte auftreten, ergibt sich der Wirkungsgrad aus dem Verhältnis $\eta = n_2/n_1$.

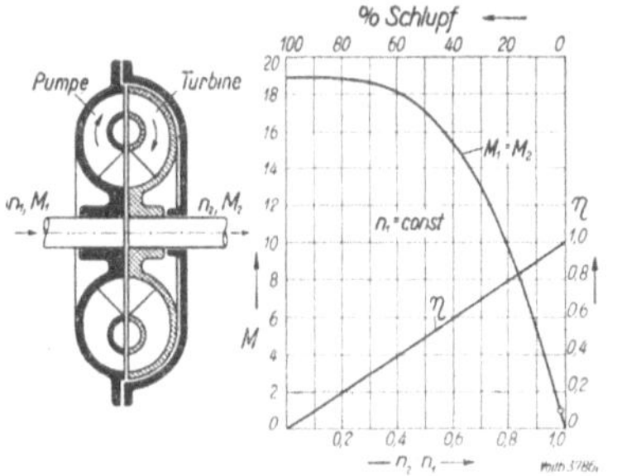

Abb. 28. Hydrodynamische Vulkankupplung. Schematischer Schnitt und Kennlinien.

In Abb. 29 sieht man den hydrodynamischen Wandler und die Kupplung zu einem Zweigang-Turbogetriebe mit elektrisch-pneumatischer Steuerung zusammengestellt. Die Steuerpumpe versieht je nach dem Stande des Steuerventils den Wandler oder die Kupplung mit Öl. Beginnt man beim Anfahren mit dem Wandler, dann steigt zuerst, s. Abb. 30, das abgeleitete Moment M_2 auf das 4,5fache des eingeleiteten. Mit zunehmender Geschwindigkeit sinkt es, und wenn M_2 ungefähr gleich M_1 geworden ist, schaltet man um, indem

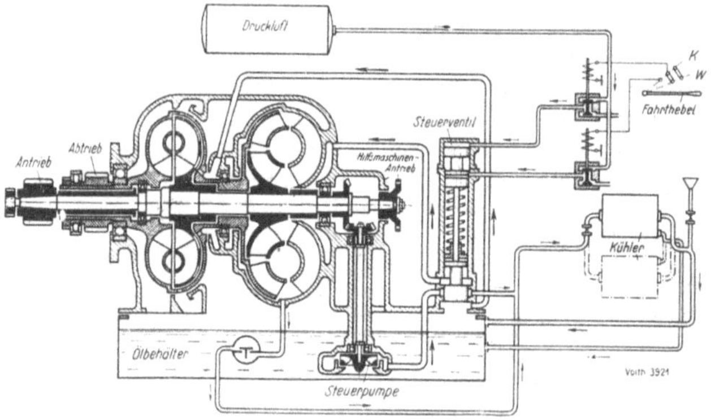

Abb. 29. Hydrodynamischer Wandler und Kupplung zu einem Zweigangturbogetriebe mit elektrisch-pneumatischer Steuerung. J. M. Voith.

man den Wandler leerlaufen und die Kupplung sich füllen läßt, deren Wirkungsgrad sich mit zunehmender Drehzahl erhöht.

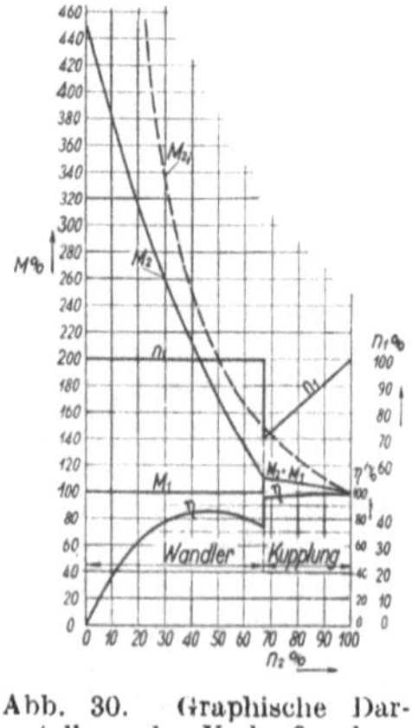

Abb. 30. Graphische Darstellung des Verlaufes des Drehmomentes bei einem hydrodynamischen Wandler.

Man hat auch versucht, Wandler des Drehmomentes aus Hebelsystemen mit Sperrgetrieben zusammenzustellen. Entwürfe dafür knüpfen sich an den Namen Constantinescu. Ein anderer Entwurf, der in Abb. 31 wiedergegeben ist, stammt von den Belgiern Robin und van Roggen.

Den oberen Teil der Darstellung bildet ein normaler 8-Zylindermotor in V-Form. Von jeder der vier Kurbeln geht eine Treibstange *A* nach unten und greift in *B* an ein Dreieck an, das einen Drehpunkt in *C* hat und dessen dritter Eckpunkt *D* durch die Stange *E* mit dem Schalthebel *F* und das Sperrgetriebe *G* auf die Welle *H* wirkt. Der Punkt *C* kann auf einem Kreisbogen um *I* verlegt werden und je nach

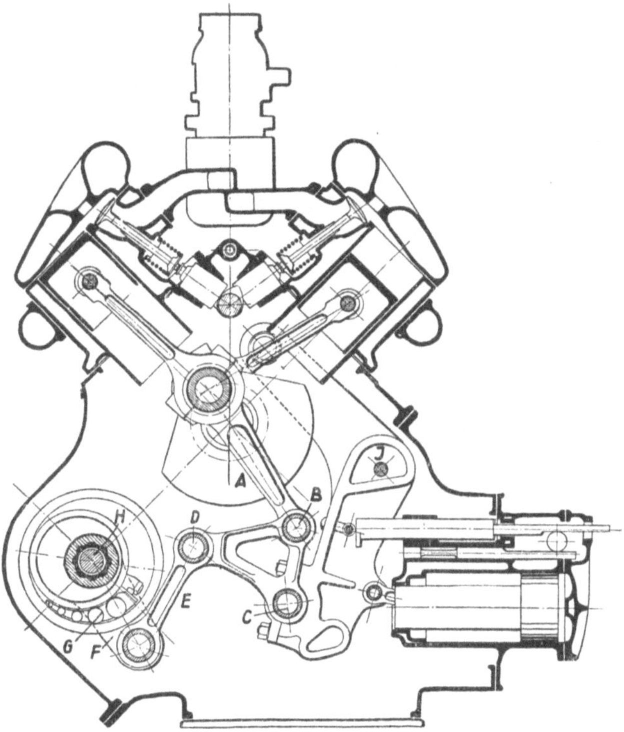

Abb. 31. Wandlung des Drehmomentes durch verstellbare Hebel und Schalteinrichtung. Robin und van Roggen.

seiner Lage werden die Ausschläge von *D* größer oder kleiner und selbst null, womit sich auch der Ausschlag des Hebels *F* ändert. Dadurch, daß alle vier unter 90° stehenden Kurbeln auf die Welle *H* arbeiten, erhält dieselbe einen ununterbrochenen Antrieb. Die rechts sichtbare Einrichtung dient zum automatischen Einstellen von *C*, was jedoch auch von Hand geschehen könnte.

Schließlich sei noch die elektrische Übertragung vom Motor auf die Treibräder erwähnt. Es wird ausschließlich Gleichstrom dazu benutzt, da dieser die besten Möglichkeiten für die Wandlung des Drehmomentes bietet. Für Straßenfahrzeuge hat sich die elektrische Übertragung nicht durchzusetzen vermocht, obwohl die Gebraucher der Wagen zufrieden waren. Wahrscheinlich ist die Einrichtung zu teuer und zu schwer. Außerdem wird der Verlust bei der Übertragung wohl nicht unter 20% liegen. Bei Schienenfahrzeugen, besonders bei großen Kräften, erfreut sich die elektrische Übertragung vielfacher Anwendung. Man findet sie z. B. bei den Schnelltriebwagen. Lokomotiven der französischen P. L. M.-Bahn (s. Oil Engine Jan. 38, S. 284) sind mit zwei Sulzermotoren von je 2200 PS ausgerüstet, deren Kraft elektrisch auf die Treibachsen übertragen wird. Auf die besonderen Einrichtungen elektrischer Übertragung kann hier nicht näher eingegangen werden.

VIII. Schwingungserregende Kräfte und Momente und Verhütung ihrer Wirkung.

Die in einem Fahrzeug oder Flugzeug aufgestellte Maschine soll dieses eigentlich nur mit seiner Masse belasten, auf die außer der Schwerkraft auch die zeitweilig auf das Fahrzeug ausgeübten Beschleunigungen mitwirken, wie z. B. die Fliehkraft.

Es können aber auch vom Motor Kräfte ausgehen, die periodisch wirkend die Ursache von schädlichen und für die Insassen unangenehmen Schwingungen sein können.

A. Fliehkräfte umlaufender Massen.

Diese Kräfte entstehen, wenn der Schwerpunkt einer umlaufenden Masse außerhalb der Drehachse liegt. Die auftretende Fliehkraft ist $K = M\omega^2 r = Mv^2/r$. M ist die umlaufende Masse, ω die Winkelgeschwindigkeit, r der Abstand des Schwerpunktes von der Drehachse und v seine Umlaufgeschwindigkeit. Die Kraft K ist bei gleichbleibendem ω zwar unveränderlich, ändert aber fortwährend ihre Richtung und wirkt somit in jeder Richtung innerhalb der Fläche, in welcher der Schwerpunkt umläuft, nach jeder halben Umdrehung abwechselnd positiv und negativ. Ein Ausgleich dieser Wirkung erfolgt meistens durch Hinzufügen von Massen, Gegengewichte genannt, wodurch der Schwerpunkt in die Drehachse verlegt wird. Aber auch wenn der Schwer-

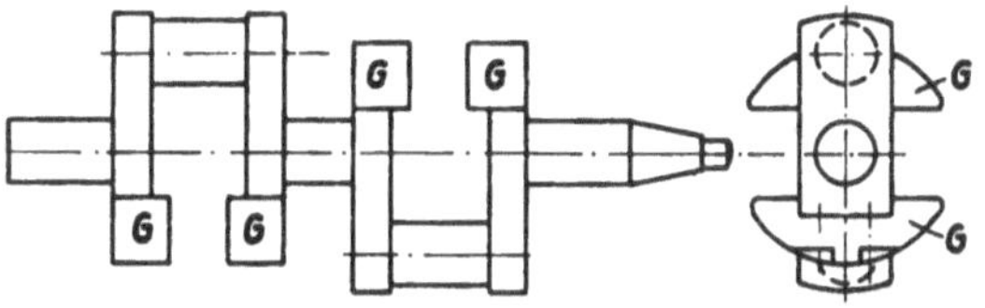

Abb. 32. Kurbelwelle mit Gegengewichten, wodurch die Welle auch dynamisch ausbalanciert ist.

punkt in der Drehachse liegt, kann noch ein Kräftepaar auftreten, dessen Moment zwar konstant ist, das aber in einer mit der Masse umlaufenden Fläche liegt. Wenn diese nach einer halben Umdrehung in ihre ursprüngliche Lage zurückkehrt, ist der Drehsinn des Momentes umgekehrt, weil man jetzt das Spiegelbild zu sehen bekommt. Ein Beispiel eines solchen Körpers ist eine Kurbelwelle mit zwei unter 180^0 stehenden Kurbeln. Der Ausgleich kann auch hier durch Gegengewichte erfolgen, die die Fliehkraft der Kurbeln aufheben bzw. ein gleich großes umgekehrtes Moment erzeugen (s. Abb. 32).

B. Trägheitskräfte schwingender Massen.

Unter schwingenden Massen sollen hier die Kolben sowie Kreuzköpfe und die Schubstangen verstanden werden. Über die bei diesen Schwingungen auftretenden Beschleunigungen ist schon auf S. 51 gesprochen. Die daraus hervorgehenden Kräfte sind freie Kräfte, die in den Stützpunkten des Motors entsprechende, periodisch wechselnde Gegenkräfte hervorrufen. Auch diese Kräfte bedürfen eines Ausgleichs, der meistens dadurch herbeigeführt wird, daß bei Mehrzylindermotoren die Zylinder und Kurbeln so angeordnet werden, daß die Summe der Kolbenkräfte null wird. Die Schubstange wird nach Gl. (36) in zwei Massen zerlegt gedacht, deren eine dem Kolben und deren andere der Kurbel zugezählt wird. Im allgemeinen begnügt man sich mit dem Ausgleich der primären und sekundären Kolbenkräfte. Unter den ersteren versteht man $K_1 = M\omega^2 r \cos\alpha$ und unter den letzteren $K_2 = M\omega^2 r\lambda \cos 2\alpha$. Ihre Summe ist nach Gl. (35) $K = M\omega^2 r\,(\cos\alpha + \lambda \cos 2\alpha)$.

Wenn Zylinder mit gleichen Triebwerken in einer Reihe nebeneinander stehen, ergeben sich folgende Ausgleichmöglichkeiten:

Ausgeglichen werden:

bei 2 Kurbeln unter 180° die primären Kräfte,
bei 3 „ „ 120° die primären und sekundären Kräfte,
bei 4 „ „ 180° (Viertaktmotor) die primären Kräfte,
bei 4 „ „ 90° (Zweitaktmotor) die primären und sekundären Kräfte,

ebenso bei allen Maschinen mit mehr als vier gleichmäßig verteilten Kurbeln.

Die Reihenfolge der Kurbeln ist für den Kräfteausgleich noch gleichgültig, jedoch entstehen, da die Kräfte nicht in einer Linie, sondern nur in einer Ebene liegen, veränderliche Kräftepaare. Sind z. B. bei einer Dreizylindermaschine in einem bestimmten Augenblick eine Kraft nach oben und zwei nach unten gerichtet, deren Summe null ist, dann ist noch ein Kräftepaar vorhanden, dessen Moment gleich der nach oben gerichteten Kraft mit ihrem Abstand von der Resultierenden der beiden anderen Kräfte ist. Diese Momente können stets aufgehoben werden, wenn bei einer geraden Anzahl Kurbeln die eine Hälfte derselben symmetrisch zur anderen angeordnet ist, wie es bei der Vierzylindermaschine mit Kurbeln unter 180°, also zwei Paar gleichgerichteten, und der Sechszylindermaschine mit Kurbeln unter 120°, also drei Paar gleichgerichteten, möglich ist. Bei Zwei- und Dreikurbelmaschinen können die Momente nicht aufgehoben werden, auch nicht bei vier Kurbeln unter 90° und sechs Kurbeln unter 60°.

Der Ausgleich der primären Kräfte ist durch Gegengewichte an den Kurbeln teilweise möglich, da $K_1 = M\omega^2 r \cos\alpha$ als eine in die Zylinderachse fallende Komponente der Fliehkraft aufgefaßt werden kann. Außer der ausgleichenden Komponente der Fliehkraft ist dann aber noch die andere Komponente senkrecht dazu vorhanden, die bei einer stehenden Maschine freie Kräfte in waagerechter Richtung erzeugt. Man könnte einen Ausgleich dadurch erreichen, daß man zwei in entgegengesetztem Sinn umlaufende Massen anbringt, deren Fliehkraftkomponenten in der gemeinsamen Ebene ihrer Drehachsen sich aufheben.

Der Ausgleich sekundärer Kräfte, die dem $\cos 2\alpha$ proportional sind und somit scheinbar von einer Masse ausgehen, die mit doppelter Winkelgeschwindigkeit umläuft, ist dadurch möglich, daß man, ähnlich wie vorher, zwei Massen anbringt, die mit der doppelten Winkelgeschwindigkeit der Kurbelwelle umlaufen.

C. Rückwirkung des Drehmomentes.

Das vom Motor ausgeübte Drehmoment erzeugt eine Rückwirkung auf die Befestigung des Motors am Fahrzeug, wodurch infolge ihrer periodischen Ungleichmäßigkeit Schwingungen erzeugt werden können. Will man diese Schwingungen im Fahrzeug vermindern, dann muß man den Motor so aufhängen, daß er selbst um eine bestimmte Achse schwingen kann, wobei das Drehmoment durch eine federnde Stütze, die sog. Momentenstütze, auf das Fahrzeug übertragen wird. Die Ungleichförmigkeiten des Drehmomentes erzeugen dann

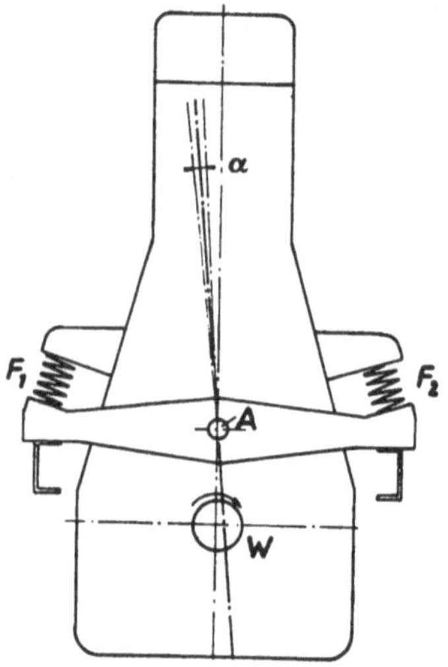

Abb. 33. Schwingend aufgestellter Motor mit Momentenstütze.

Schwingungen des Motors, die durch die federnde Stütze nur in gemilderter Form auf das Fahrzeug übertragen werden (s. Abb. 33).

Dieser im Schrifttum fast noch gar nicht behandelte Vorgang ist Gegenstand einer Abhandlung von H. C. Olivier gewesen. Er weist nach, daß die Schwingachse des Motors eine freie, also auch durch seinen Schwerpunkt laufende Achse sein muß und daß sie außerdem der Kurbelwelle parallel sein muß. Diese Bedingungen sind ohne Hinzufügen von Massen zur Motormasse im allgemeinen nicht zu erfüllen. Jedoch kann auch eine näherungsweise Erfüllung schon vorteilhaft sein. In welchem Maße die Rückwirkung des Drehmomentes aufgehoben wird, hängt von dem Trägheitsmoment der Motormasse und der Weichheit der federnden Momentenstütze ab.

D. Elastische Drehschwingungen.

In der Kurbelwelle und den weiteren Triebwerksteilen befinden sich Massen, von denen jede ein bestimmtes Trägheitsmoment in bezug auf die Drehachse der Welle hat. Die die Massen verbindenden Wellenstücke und auch die Arme sind elastisch gegen Verdrehung, so daß das ganze System verschiedene Eigenschwingungszahlen haben kann. Da ferner die von den Zylindern ausgehenden Kräfte periodisch veränderlich sind, bilden sich im Betrieb erzwungene Drehschwingungen aus, deren Ausschläge von den Drehkräften einerseits und der Elastizität der Welle und den Trägheitsmomenten der Massen andererseits abhängen. Diese Schwingungen werden nicht auf das Fahrzeug übertragen, da sie keine Gegenkräfte in den Lagern erzeugen.

E. Kritische Drehzahlen.

Alle möglichen Teile eines Motors oder Fahrzeugs besitzen die Fähigkeit zu Eigenschwingungen, die sowohl Zug-, wie Druck-, wie Biegungs- und Verdrehungsschwingungen sein können. Sie haben in Abhängigkeit von der Elastizität und den Massen eine gewisse Schwingungszahl oder Frequenz, während ihr Ausschlag von der Stärke der Erregung abhängt. Wird eine solche Eigenschwingung durch einen Einzelstoß erregt, so verschwindet sie bald wieder infolge natürlicher Dämpfung durch innere oder äußere Reibung. Wiederholen sich jedoch die Stöße oder Impulse regelmäßig, dann kann zweierlei eintreten. Entweder die Eigenschwingung verschwindet wieder, weil einer der nächsten Stöße gerade im ungünstigen Augenblicke einsetzt und auf die Weise die Schwingung aufhebt oder bremst oder aber, wenn die Zahl der Eigenschwingungen und die der Stöße in gleicher Zeit gleich oder angenähert gleich groß ist, werden die Eigenschwingungen verstärkt und können zu unangenehmen und für das Fahrzeug oder den Motor auch gefährlichen Ausschlägen ausarten. Es kann dies bei bestimmten Drehzahlen eintreten, die man kritische Drehzahlen nennt.

Eine eingehendere Behandlung des sehr wichtigen Schwingungsproblems ist hier nicht möglich. Es sei nur noch darauf hingewiesen, daß vielfach an den Motoren Schwingungsdämpfer angebracht werden, welche die Aufgabe haben, in der Kurbelwelle auftretende Schwingungen zu unterdrücken. Ein solcher Dämpfer, wie in Abb. 34 dargestellt, besteht aus einer ringförmigen Masse, die durch die vom Federdruck erzeugte Reibung von der Welle mitgenommen wird. Überschreiten nun die bei der Schwingung entstehenden wechselnden Beschleunigungen den Reibungswiderstand,

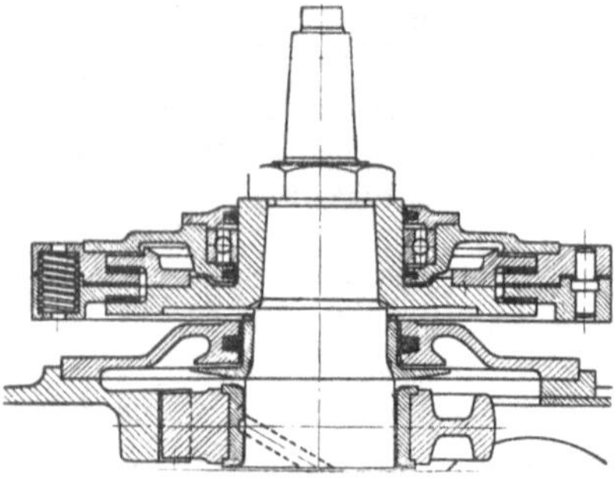

Abb. 34. Durch Reibung wirkender Schwingungsdämpfer auf dem Ende einer Welle.

dann tritt Gleiten ein, wodurch die Schwingungsenergie teilweise vernichtet wird und auch eine zeitweise Änderung der Eigenschwingungszahl eintritt. Diese Art der Dämpfung bringt einen gewissen Arbeitsverlust mit sich. Es gibt auch andere Hilfsmittel, wie z. B. beweglich aufgehängte Gegengewichte, die ohne Arbeitsverlust eine Dämpfung verursachen.

IX. Einzelne Bauteile.

A. Zylinder.

Der Zylinder eines Motors bildet mit dem Deckel und Kolben den Raum veränderlicher Größe zur Ausführung des Arbeitsprozesses. Der kleinste Inhalt, den dieser Raum annehmen kann, ist der Verdichtungsraum V_c, zu dem der veränderliche Hubraum hinzutritt, dessen Größe vom jeweiligen Stand der Kurbel abhängt und sich zwischen Null und dem Maximum $\frac{\pi}{4} D^2 s$ bewegt. Erforderlich ist, daß der Zylinder genügend druckfest ist, daß der Kolben bei hin- und hergehender Bewegung gegen die Zylinderwand abdichtet, daß Einlaß und Auslaßöffnungen zur Vornahme des Gaswechsels vorhanden sind und daß die Wandungen wegen der hohen Gastemperatur von außen gekühlt werden.

Für den Hubraum ist die Form des Kreiszylinders die günstigste, sowohl bezüglich der Festigkeit, wie der Herstellung und Abdichtung.

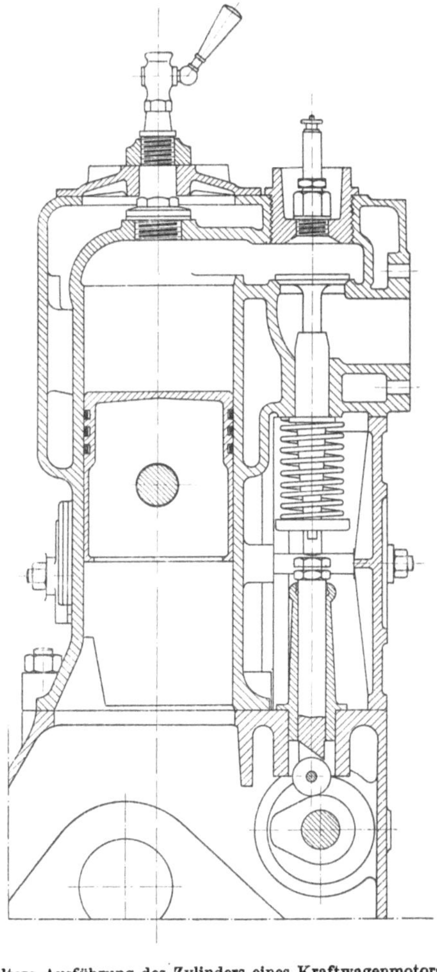

Abb. 35. Ältere Ausführung des Zylinders eines Kraftwagenmotors. Zylinder und Deckel in einem Stück.

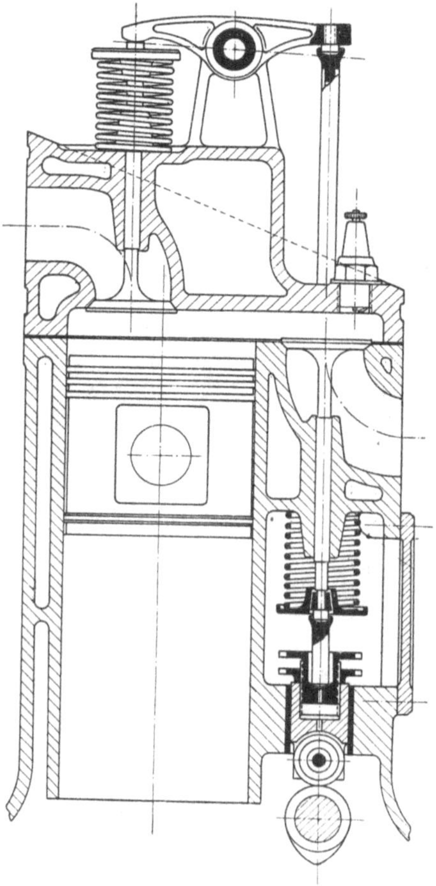

Abb. 36. Zylinder eines Vergasermotors mit abnehmbarem Deckel. Kühlmantel und Laufbüchse in einem Stück. Einlaßventil hängend im Deckel. Auslaßventil stehend im Zylinderkörper.

Bei Mehrzylindermotoren werden die Zylinder meist zu einem oder einigen Blöcken vereinigt (s. Abb. 56, 57 b, 58 b, 80 b u. 85).

Der Deckel wurde früher vielfach mit dem Zylinder aus einem Stück hergestellt (s. Abb. 35). Neuere Ausführungen

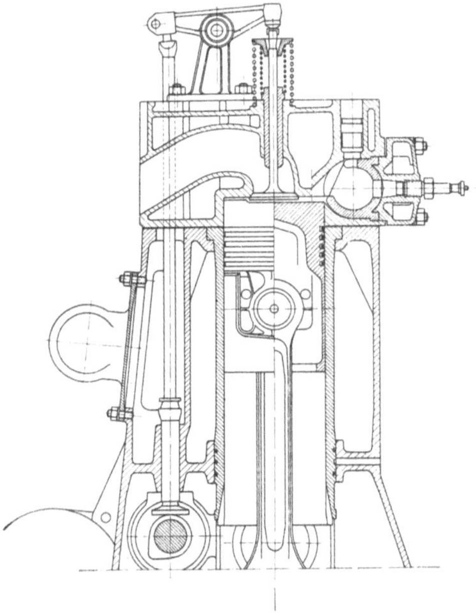

Abb. 37. Zylinder eines Dieselmotors mit abnehmbarem Deckel und eingesetzter nasser Laufbüchse. Beide Ventile im Deckel.

haben für Gruppen von zwei oder drei oder auch für alle Zylinder gemeinsame, abnehmbare Deckel (s. Abb. 36).

Bei Wasserkühlung können Zylinder und Kühlmantel in einem Stück gegossen sein, wie in Abb. 35 u. 36. Es können aber auch in das Zylindergußstück aus besonderem Baustoff hergestellte Laufbüchsen eingesetzt sein. Wenn diese Büchsen mit dem Kühlwasser in unmittelbare Berührung kommen, spricht man von nassen Laufbüchsen (s. Abb. 37), wenn sie aber von dem Kühlmittel noch durch eine Wand des Gußstückes getrennt sind, von trockenen Laufbüchsen.

Bei luftgekühlten Motoren sind Zylinder und Deckel zur Vergrößerung der äußeren Oberfläche mit Rippen versehen (s. Abb. 38). Bei Fahrrädern (s. Abb. 49—52), kleineren Kraftwagen und kleineren Flugmotoren werden die Zylinder mit dem Deckel in einem Stück aus Gußeisen hergestellt. Bei größeren Abmessungen, insbesondere bei Flugmotoren, werden die Zylinder aus geschmiedetem Stahl hergestellt und die Deckel aus einer Aluminiumlegierung. Dabei werden die Rippen am Zylinder aus dem vollen Stahl herausgearbeitet, die am Deckel entweder mit dem Deckel in einem Stück gegossen oder aus einem geschmiedeten Stück Leichtmetall herausgearbeitet (s. Abb. 38).

Um einen kurzen Motor zu bekommen, setzt man die Zylinder möglichst dicht nebeneinander. Der Abstand von Mitte zu Mitte geht bei Wasserkühlung bis zu 1,1 des Zylinderdurchmessers herunter, bei Luftkühlung bis zu 1,3 (s. Abb. 96).

Das Verhältnis des Hubes zum Zylinderdurchmesser, s/D, liegt bei schnellaufenden Motoren zwischen 1,0 und 1,3.

Bei der Form des Verdichtungsraumes strebt man im allgemeinen nach kleinster Oberfläche. Die Größe des Verdichtungsraumes im Verhältnis zum Gesamtraum $V_c : (V_s + V_c)$ beträgt bei Gemischmotoren für Kraftwagen $^1/_5$ bis $^1/_7$, für Flugzeuge $^1/_6$ bis $^1/_7$ und bei Dieselmotoren $^1/_{14}$ bis $^1/_{18}$.

Kleinste Oberfläche würde man mit einem linsenförmigen Raum erzielen, jedoch wird die Form des Raumes noch mehr durch andere Rücksichten beherrscht, wie z. B. die auf die Unterbringung der Ventile, worin man durch die Kleinheit des Raumes besonders bei Dieselmotoren sehr beschränkt ist.

Abb. 38. Aus einem Stück Leichtmetall gepreßter und darnach gefräster Zylinderkopf eines luftgekühlten Flugmotors.

Die Anordnung der Ventile und die Einrichtungen für ihre Betätigung sind kennzeichnend für die Bauart eines Motors. Man unterscheidet stehende (s. Abb. 35) und hängende (s. Abb. 37) Ventile. Erstere befinden sich im Gußkörper der Zylinder und letztere im Deckel. Bei ersteren ist der Schaft nach unten gerichtet, bei letzteren nach oben.

Die meist gebräuchliche Ausführung ist bei Kraftwagenmotoren die mit stehenden Ventilen in einer einzigen, zur Kurbelwelle parallelen Reihe mit einer tiefliegenden Nockenwelle, deren Nocken ohne Zwischenschaltung von Hebeln oder Stangen unmittelbar auf die Ventile einwirken (s. Abb. 35).

Um mehr Platz für die Ventile zu gewinnen, wird auch eines derselben in den Deckel verlegt, so daß bei einem Motor mit mehreren Zylindern zwei Ventilreihen entstehen. Zur Bewegung des Deckelventils ist dann bei untenliegender Nockenwelle eine Stange und ein Hebel erforderlich (s. Abb. 36).

Will man die Ventile ganz in den Deckel legen, und die tiefliegende Nockenwelle beibehalten, wie dies häufig bei Dieselmotoren geschieht (s. Abb. 37), dann ist dies mit Stangen und Hebeln möglich. Bei Benzinmotoren für Fahrzeuge und Flugzeuge bevorzugt man jedoch die Anordnung einer Nockenwelle über den Deckeln, deren Nocken unmittelbar auf die Ventile einwirken. Jedoch ist der Antrieb dieser Welle umständlicher (s. Abb. 39).

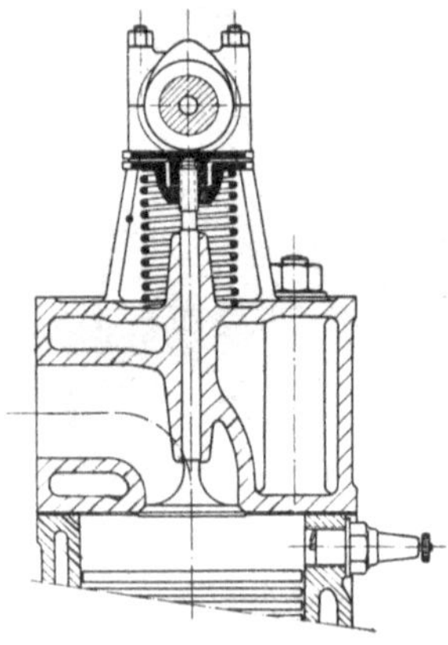

Abb. 39. Zylinder eines Vergasermotors mit obenliegender Nockenwelle.

Wenn Wassermantel und Zylinder in einem Stück gegossen werden (s. Abb. 35), ist der Baustoff Gußeisen, für dessen Eigenschaften die Erfordernisse der Lauffläche maßgebend sind (ATZ 1934, S. 441—453). Hochwertige gußeiserne Zylinder sollen ein Perlit- oder Sorbitgefüge aufweisen, Bestandteile von Silizium, Mangan und Phosphor sind im allgemeinen vorhanden. Wird auch Nickel oder Chrom hinzugefügt, dann spricht man von legiertem Gußeisen. Von großem Einfluß ist nicht allein die chemische Zusammensetzung des Eisens, sondern auch die Art des Formens und Gießens.

Die Lauffläche erleidet durch die Reibung des Kolbens

und der Kolbenringe eine Abnutzung, die durch chemische Einflüsse gesteigert wird. Die letzteren scheinen besonders dann vorhanden zu sein, wenn sich bei niedriger Wandtemperatur Produkte unvollständiger Verbrennung niederschlagen, die Ameisensäure und Aldehyde enthalten. Werden in den Zylinderblock Laufbüchsen eingesetzt (s. Abb. 37), dann kommen für den Block selbst nur die Festigkeitseigenschaften des Baustoffes in Betracht, während man für die Laufbüchse freier ist in der Wahl des Baustoffes und der Herstellungsart. Man wählt dafür besondere Legierungen von Gußeisen oder geschmiedetem Stahl. Die Büchsen sind auch auswechselbar. Eine Vergütung der Laufflächen kann in allen Fällen durch Oberflächenhärtung, z. B. Nitrierung, stattfinden oder durch einen galvanischen Überzug von Chrom, der sehr hart ist.

B. Kolben.

Mit den Laufflächen in engste Berührung kommen die Kolben und Kolbenringe. Die Kolben dienen in erster Linie dazu, den Gasdruck aufzunehmen, der weiterhin durch die Schubstange auf die Kurbelwelle übertragen wird. Da der Gegendruck der Stange, abgesehen vom Totpunkt, schräg auf den Kolben wirkt, entsteht eine zur Zylinderfläche senkrechte Kraft, die durch diese Fläche aufgenommen werden muß. Der Schaft des Kolbens, d. h. der Teil, in dem sich keine oder nur Ölabstreifringe befinden, muß so bemessen sein, daß der Flächendruck auf die Lauffläche nicht zu groß wird, auch muß der Kolben wenigstens so lang sein, daß er im Zylinder nicht ecken kann.

Sehr wichtig ist die Wärmeabfuhr aus dem Kolben. Da der Kolbenboden eine der Wandungen des Verdichtungsraumes bildet, nimmt er viel Wärme auf. Um zu verhüten, daß die Temperatur wesentlich über 250° auflaufen kann, muß für Wärmeabfuhr gesorgt werden. Ein geringer Teil der Wärme geht an die Luft im Kolbeninneren und im Kurbelgehäuse über, der größte Teil muß an die gekühlte Zylinderlauffläche abgeführt werden. Abb. 40 zeigt in einer Darstellung der Firma Mahle, Bad Cannstatt, wie sich bei einem glattschaftigen Kolben in einem wassergekühlten Zylinder die Temperatur des Kolbens in seinen verschiedenen Teilen bei verschiedenen Baustoffen und Arbeitsverfahren einstellt.

Bei der Wahl des Kolbenbaustoffes steht Grauguß gegenüber Leichtmetall. Die Vorteile des Graugusses liegen in hoher Verschleißfestigkeit, guten Laufeigenschaften und günstigem Verhalten der Ringnuten gegen Verschleiß,

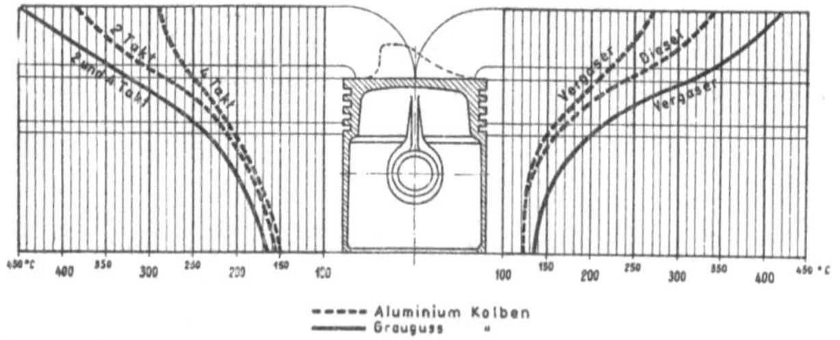

Abb. 40. Temperaturen in verschiedenen Kolbenteilen bei verschiedenen Baustoffen und Betriebsarten.

seine Nachteile dagegen in größerem Gewicht, schlechter Wärmeleitfähigkeit und dem Umstand, daß bei Fressen leichter eine Beschädigung der Zylinderwand und damit eine Betriebsstörung eintritt.

Als Leichtmetall hat man neben Aluminiumlegierungen auch die Magnesiumlegierung Elektron angewandt, die nur ein spezifisches Gewicht von 1,8 hat gegenüber 2,8 bis 3,1 verschiedener Aluminiumlegierungen, wie sie heutzutage meist für Kolben angewandt werden. Abb. 41 zeigt in einer Darstellung von Mahle, Bad Cannstatt, die Abhängigkeit des Kolbengewichtes von verschiedenem Baustoff und bei verschiedenen Zylinderdurchmessern.

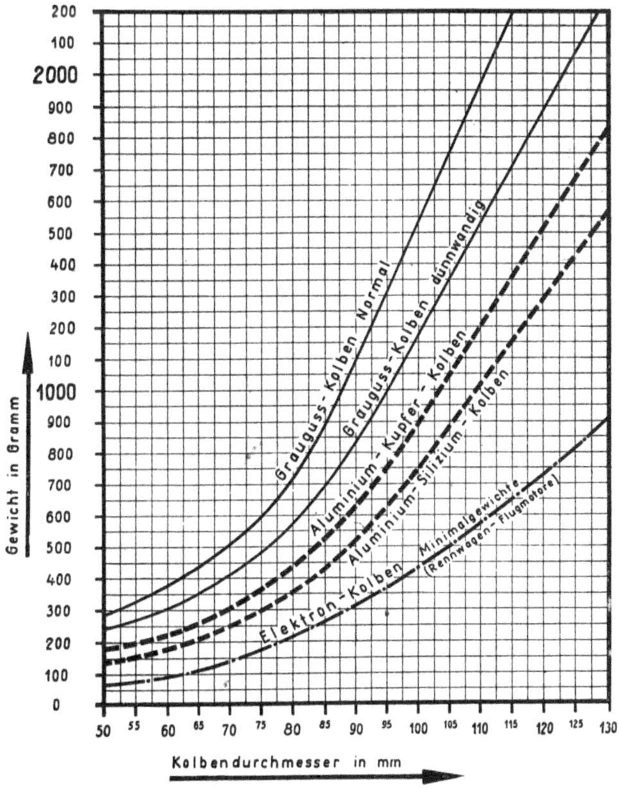

Abb. 41. Kolbengewichte.

Da die Wärmeausdehnung des Aluminiums erheblich größer ist als die des Eisens, muß der Aluminiumkolben in kaltem Zustand größeres Spiel im Zylinder haben als ein eiserner Kolben. Um dies zu vermeiden, macht man auch

Aluminiumkolben durch Anbringung eines Schlitzes federnd oder versieht sie mit einer Einlage von Invar, einer Stahlsorte, deren Temperaturausdehnungszahl annähernd Null ist, wodurch die Ausdehnung des Kolbenmaterials in eine andere Richtung gezwungen wird.

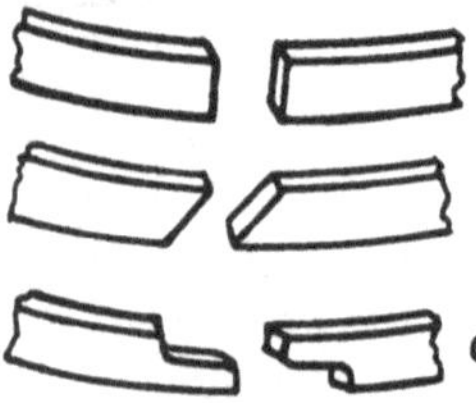

Abb. 42. Verschiedene Stöße von Kolbenringen.

Da der Kolben nicht genau in den Zylinder passend gemacht werden kann, und außerdem der Zylinder bei Abnutzung nicht mathematisch zylindrisch bleibt, sondern in verschiedener Höhe verschiedenen Durchmesser bekommt, werden zwei bis drei oder auch mehr federnde Kolbenringe aus Gußeisen in Nuten des Kolbens gelegt. Die Ringe sind offen mit verschiedenartig ausgebildetem Stoß (s. Abb. 42).

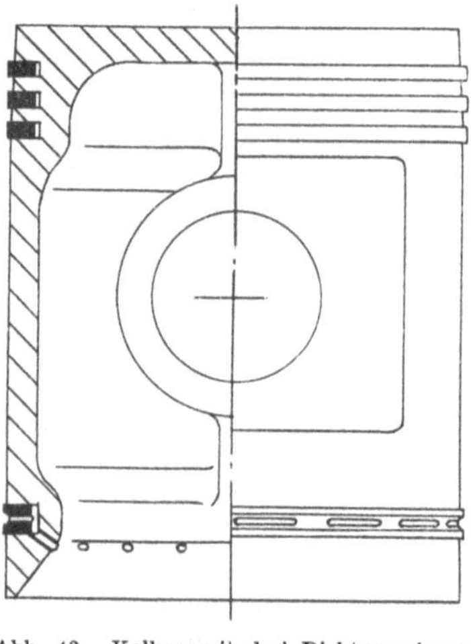
Abb. 43. Kolben mit drei Dichtungsringen und einem Ölabstreifring.

Wenn sie sich außerhalb des Zylinders befinden, haben sie einen größeren Durchmesser, damit sie sich im Zylinder federnd gegen die Wandungen legen. Ebenso wie die Kolben werden auch die Ringe vielfach in Spezialfabriken hergestellt.

Außer den eigentlichen Abdichtungsringen am Kolbenkopf des Kolbens wird vielfach noch ein Ölabstreifring am Schaftende angebracht. Dieser wird in manchen Fällen so eingerichtet, daß er überflüssiges Schmieröl durch Bohrungen nach dem Inneren des Kolbens abführt, von wo es in den Kurbelkasten zurückfließt (Abb. 43).

C. Ventile.

Die für den Gaswechsel beim Viertakt erforderlichen Ventile haben ganz allgemein Pilzform (s. Abb. 35, 36 u. a.), werden aus geschmiedetem Stahl hergestellt und haben einen schmalen, kegelförmigen Abdichtungsrand, der meist 45^0 gegen die Mittellinie geneigt ist. Meist werden die Durchmesser vom Einlaß- und Auslaßventil gleich groß gemacht, obgleich das Auslaßventil kleiner sein könnte und man dadurch für ein größeres Einlaßventil Platz gewinnen würde. Durch das Auslaßventil strömen bei Beginn der Öffnung ungefähr $^2/_3$ des Gasgewichtes unter eigenem Überdruck und nur etwa $^1/_3$ wird noch durch den Kolben herausgedrückt. Beim Ansaugen dagegen strömt das ganze Gasgewicht unter der Einwirkung des Kolbens ein, wozu größerer Unterdruck nötig ist, als der Überdruck beim Ausströmen. Größerer Unterdruck vermindert die Füllung.

Das Einlaßventil wird durch die eintretende Ladung kühl gehalten, das Auslaßventil dagegen wird durch die heißen Gase, die es umspülen, sehr stark erhitzt. Man muß deshalb für Wärmeabfuhr sorgen. Zu dem Zweck müssen Ventilsitz und Führung kühl gehalten werden, auch muß die Materialverteilung im Ventil so sein, daß die Wärme nach diesen Stellen geleitet wird.

Bei Flugmotoren, bei denen die Wärmebelastung der Auslaßventile besonders groß ist, werden die Ventile hohl ausgeführt und zum Teil mit einem leichtschmelzendem Salz oder mit Natrium gefüllt.

Die Ventilsitze werden vielfach als Ringe aus Chromsilizium-Schleudergußeisen oder Chromwolframstahl in den Zylinderkörper eingesetzt.

D. Nocken und Nockenwellen.

Die Pilzventile werden durch schraubenförmige Federn aus gehärtetem Stahldraht auf ihren Sitz gedrückt. Zum Öff-

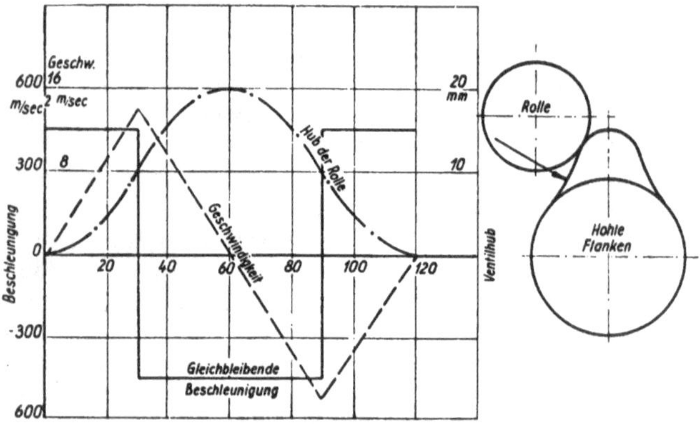

Abb. 44. Nocken mit gleichbleibender positiver und negativer Beschleunigung Die Flanken sind hohl.

nen der Ventile dienen Nocken, die auf einer Nockenwelle befestigt oder mit dieser aus einem Stück hergestellt sind. Die Nocken laufen gegen eine Rolle oder eine Fläche, öffnen dadurch das Ventil und spannen gleichzeitig die Feder, die das Ventil wieder schließt, sobald die Ablaufseite des Nocken die Schlußbewegung freigibt. Die Federspannung muß ausreichend sein, das Ventil sowohl positiv wie negativ so zu beschleunigen, daß die Rolle oder Fläche mit dem Nocken in Berührung bleibt.

Man erreicht die geringstmöglichen Beschleunigungen, wenn man die Nockenform so gestaltet, daß die Beschleunigung während

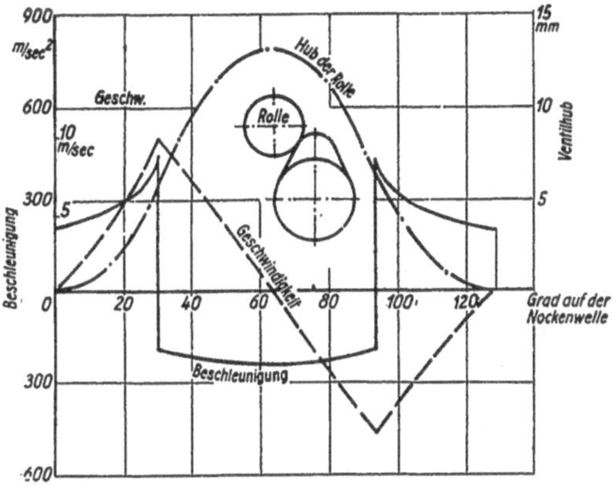

Abb. 45. Nocken mit geraden Flanken.

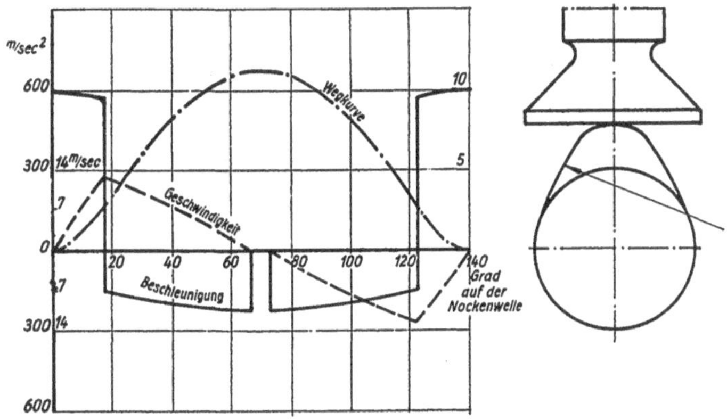

Abb. 46. Nocken, unmittelbar auf die Endfläche des Stößels wirkend.

der ganzen Beschleunigungsperiode gleich bleibt. In Abb. 44—46 sind die bei verschiedenen Nockenformen auftretenden Beschleunigungen, Geschwindigkeiten und Hubwege zeichnerisch dargestellt. Bei sehr schnellaufenden Motoren kann die Beschleunigung die Größe von 2000 m/sek² erreichen oder die Beschleunigungskraft das rd. 200fache des Gewichtes der zu beschleunigenden Masse, zu der außer dem Ventil auch noch Stange und Hebel gehören.

Die Öffnung des Auslaßventils beginnt bei schnellaufenden Motoren rund 15% oder 50° vor dem Totpunkt, um bei Beginn des Auslaßhubes nur noch einen geringen Überdruck im Zylinder zu haben. Der Schluß erfolgt im entgegengesetzten Totpunkt oder 1—2% des Hubes gleich 8—12° des Kurbelwinkels danach, um eine Nachausströmung zu ermöglichen. Das Einlaßventil öffnet 0—4% oder 20° vor dem Totpunkt und schließt 10—12% gleich 40—45° nach dem Ende des Ansaughubes, weil so lange noch eine Nachströmung möglich ist.

Bei langsam laufenden Motoren mit geringen Gasgeschwindigkeiten in den Ventilen findet früherer Schluß des Einlaßventils statt.

E. Schieber.

Da Ventile und Nocken bei ungenauer Ausführung, schlechter Einstellung oder Abnutzung viel Geräusch verursachen, hat man schon früh versucht, die Ventile durch Schieber zu ersetzen. Ein Schieber hat einem Ventil gegenüber grundsätzlich den Vorteil, daß er bei einer ungefähr harmonischen, von einer Kurbel mit Schubstange ausgehenden Bewegung vollkommen geräuschlos laufen kann, da seine Bewegung nicht wie bei einem Ventil durch Auftreffen auf Flächen plötzlich begrenzt wird, und den ferneren Vorteil, daß Öffnung und Schluß mit endlicher, d. h. schon verhältnismäßig großer Geschwindigkeit stattfinden können, während der Schluß bei einem Ventil wegen des auftretenden Stoßes mit geringer Geschwindigkeit geschehen muß. Außerdem erscheint es möglich, in der Zylinderwand größere Querschnitte für die Schieber unterzubringen als für die Ventile zur Verfügung stehen.

Von den zahlreichen Erfindungen von Schieberkonstruktionen hat nur der Doppelschieber von Willys Knight umfangreichere Anwendung bei Kraftwagenmotoren gefunden. Er scheint aber wieder zu verschwinden, weil ein Schiebermotor teurer ist als ein Ventilmotor und bei einem Schieber stets Bruchgefahr infolge ungenügender Schmierung oder zu kalten Öles beim Anlassen besteht.

Wenn ein Schieber nur eine einfache hin- und hergehende Bewegung macht, ist es nicht möglich, beide Öffnungen mit einem einzigen Schieber zu steuern, weshalb man zwei ineinanderliegende Schieber mit voneinander unabhängiger Bewegung anwenden muß (s. Abb. 47). Gibt man jedoch dem Schieber eine solche Bewegung, daß jeder Punkt eine kreisähnliche, geschlossene Kurve auf der Zylinderwand beschreibt, dann kann man, wie bei der Konstruktion von Overland (s. Abb. 48), mit einem Schieber auskommen.

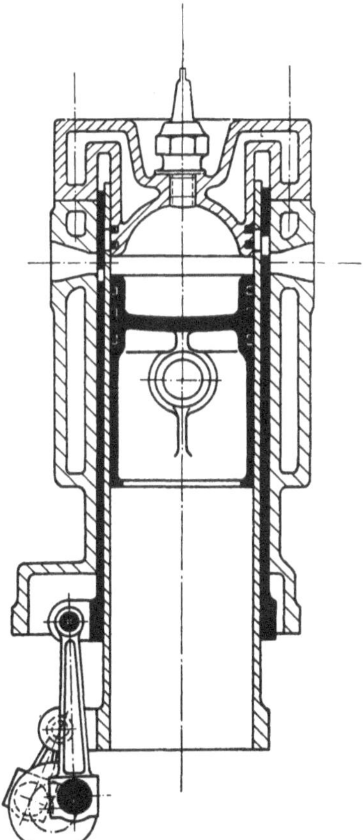

Abb. 47. Zylinder eines Vergasermotors mit Doppelschieber.

Neuerdings werden

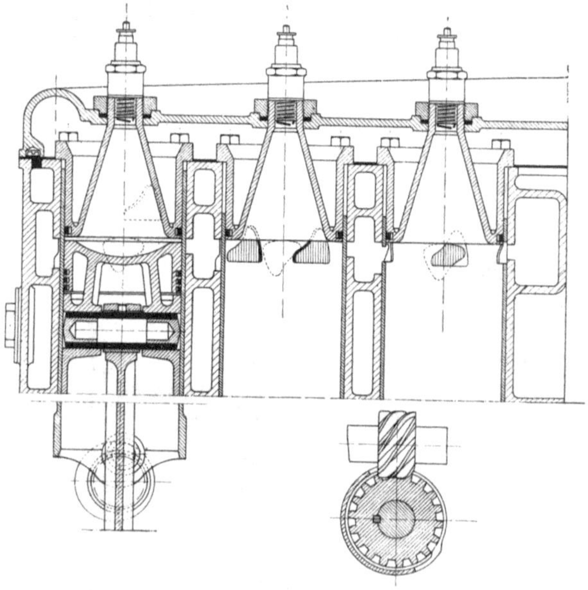

Abb. 48. Vergasermotor mit einfachem Schieber, System Overland.

Schieber wieder angewandt von Ricardo für schnellaufende Dieselmotoren und von The Bristol Aeroplane Company für Flugmotoren (s. Abb. 104).

F. Zylinder von Zweitaktmotoren.

Die Zylinder von Zweitaktmotoren unterscheiden sich von den Zylindern von Viertaktmotoren dadurch, daß in der Lauffläche des Zylinders Öffnungen angebracht sind, die vom Kolben überlaufen und dadurch geöffnet und geschlossen werden. Der Kolben arbeitet hier zugleich als Schieber. Die Symmetrie des Öffnens und Schließens ist unvermeidlich.

Die Öffnungen sind meist in zwei Gruppen verteilt, von denen eine für den Auslaß und die andere für den Einlaß dient. Zuweilen ist aber auch nur eine dieser Gruppen vorhanden, während die Aufgabe der anderen Gruppe durch ein oder mehrere Ventile im Deckel erfüllt wird. Durch Anbringung der Öffnungen und ihre Verbindung mit dem Behälter für Spülluft oder dem Auspuffrohr weicht die Konstruktion des Zylinders häufig stark von der eines Viertaktmotors ab.

X. Vollständige Motoren.

In der hier folgenden Übersicht über ausgeführte Motoren ist der Text sehr kurz gehalten. Man findet weitere Erklärungen unter den Abbildungen. Hier war der Verfasser gänzlich auf die Mitwirkung der Hersteller angewiesen, die nicht immer das lieferten, was er gern veröffentlicht hätte. Aus dem gleichen Grunde war es auch nicht möglich, die Unterschriften nach einheitlichen Gesichtspunkten abzufassen.

Die Motoren sind nach dem Verwendungszweck in drei Hauptgruppen verteilt, nämlich in Motoren für Straßenfahrzeuge, also Krafträder und Kraftwagen, für Schienenfahrzeuge oder Triebwagen und für Flugzeuge. Diese Hauptgruppen sind wieder unterteilt in Gemisch- und Einspritzmotoren oder, praktisch ausgedrückt, Leichtöl- oder Vergaser- und Dieselmotoren.

Es kam darauf an, verschiedene Bauarten darzustellen, so daß nicht immer nur das Neueste gebracht werden konnte.

A. Motoren für Straßenfahrzeuge.

Für Fahrräder kommen zur Zeit nur Leichtölmotoren in Betracht. Die Zylinder sind mit wenigen Ausnahmen luftgekühlt. Bei kleineren Motoren wird das Zweitaktverfahren mit Kurbelkastenspülpumpe bevorzugt (s. Abb. 49—50), bei größeren das Viertaktverfahren (s. Abb. 51—55). Die Zahl der Zylinder beträgt ein bis vier, stehend oder etwas schräg angeordnet oder auch waagerecht einander gegenüberliegend.

Bei Personenwagen befindet sich der Leichtöl- oder Vergasermotor noch weitaus in der Mehrzahl, dagegen hat der Dieselmotor, besonders bei den schweren Fahrzeugen, wie

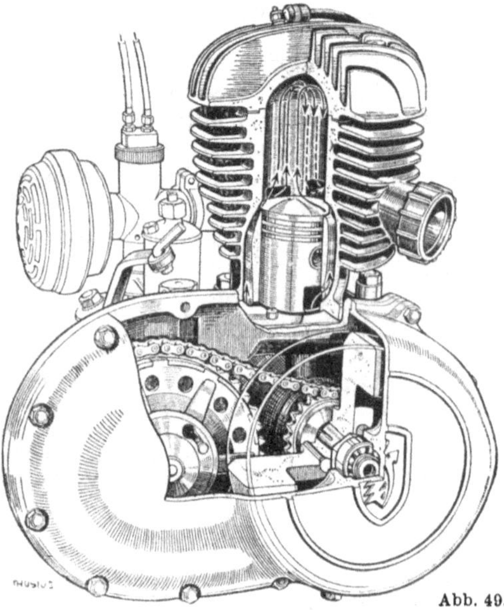

Abb. 49.

Abb. 50.

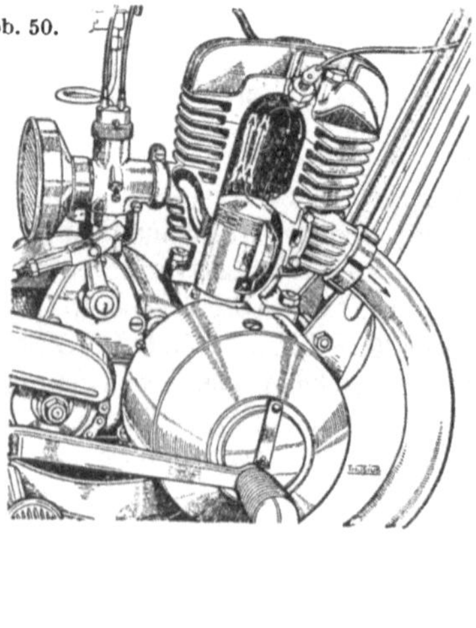

Abb. 49. Kraftradmotor. Zweitakt. Zündapp-Nürnberg. Das im Kurbelkasten verdichtete Gemisch strömt durch drei durch den Kolben gesteuerte Kanäle in den Zylinder, geht in einem vereinigten Strom an der einen Zylinderseite nach oben, kehrt um und stößt an der anderen Zylinderseite die Verbrennungsgase aus.

Abb. 50. Kraftradmotor. Zweitakt. Auto-Union. DKW. Chemnitz. Das im Kurbelkasten verdichtete Luft-Benzingemisch strömt durch zwei vom Kolben gesteuerte Öffnungen in den Zylinder und an der Wand entlang nach oben, kehrt um und verdrängt die Verbrennungsgase durch die Auslaßöffnung.

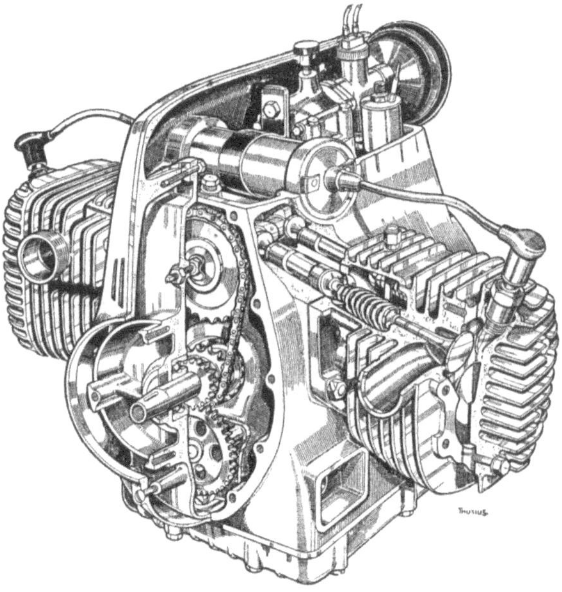

Abb. 51. Kraftradmotor. Zündapp-Nürnberg. Frontansicht des 500 cm³ Zweizylinder-Viertakt-Blockmotors von 16 PS.

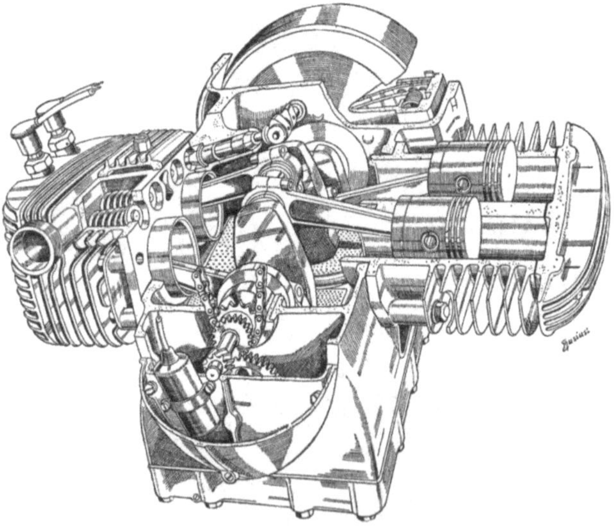

Abb. 52. Kraftradmotor. Viertakt. Zündapp-Nürnberg. Triebwerk des 800 cm³ Vierzylinder-Blockmotors von 22 PS.

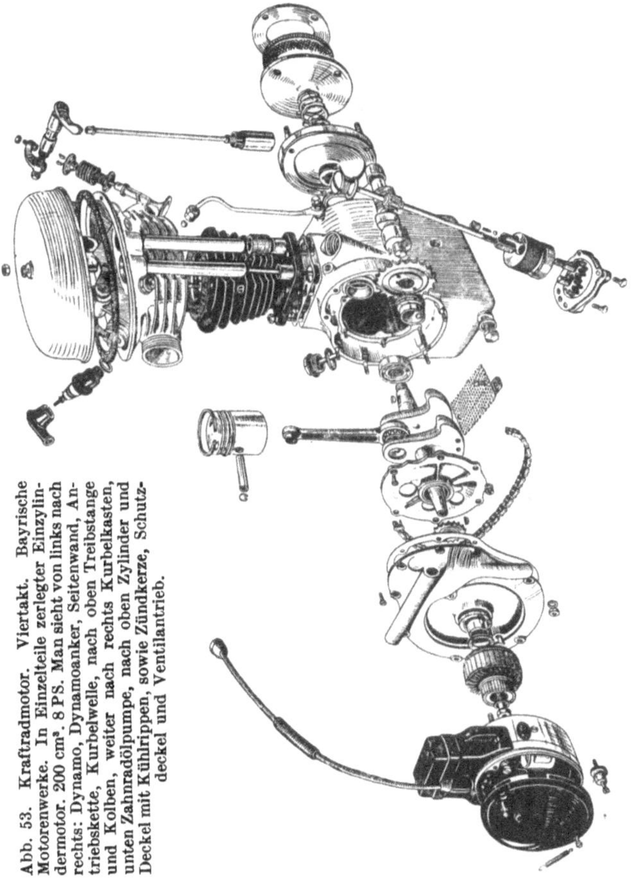

Abb. 53. Kraftradmotor. Viertakt. Bayrische Motorenwerke. In Einzelteile zerlegter Einzylindermotor. 200 cm^3. 8 PS. Man sieht von links nach rechts: Dynamo, Dynamoanker, Seitenwand, Antriebskette, Kurbelwelle, nach oben Treibstange und Kolben, weiter nach rechts Kurbelkasten, unten Zahnradölpumpe, nach oben Zylinder und Deckel mit Kühlrippen, sowie Zündkerze, Schutzdeckel und Ventilantrieb.

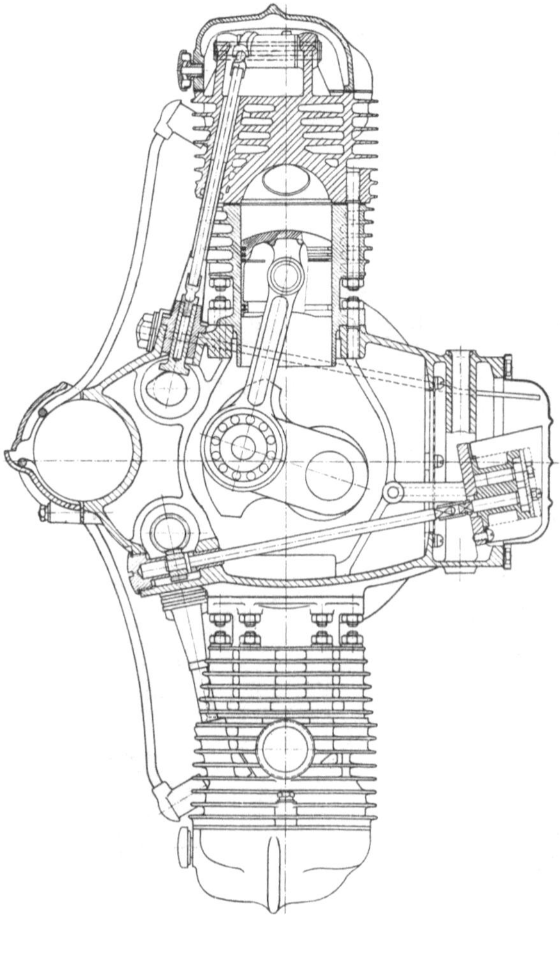

Abb. 54. Kraftradmotor. Schnitt. Viertakt. Bayrische Motorenwerke. Zwei waagerechte gegenüberliegende Zylinder. 500 cm^3, 24 PS. Oberhalb der in der Mitte liegenden Kurbelwelle befinden sich zwei Nockenwellen, von denen Stoßstangen nach links und rechts führen. Die Ventile liegen in waagerechten Ebenen. Unten im Kurbelkasten eine Zahnradölpumpe.

Lastwagen und Omnibussen, vielfach Anwendung gefunden. Beim Leichtölmotor (s. Abb. 56—63) ist das Viertaktverfahren vorherrschend. Die Zahl der Zylinder beträgt selten unter 4, häufig 6 und 8 und sogar 12. 4 oder 6 Zylinder stehen in einer Reihe (s. Abb. 56, 57b u. 58b), 8 auch in V-Form, 12

Abb. 55. Kraftradmotor. Ansicht. Viertakt. Bayrische Motorenwerke. Zweizylinder. 600 cm³, 18 PS. Luftkühlung.

Zylinder stets in V-Form. Seit einigen Jahren werden auch liegende Motoren mit gegenüberliegenden Zylindern ausgeführt, sog. Boxermotoren (s. Abb. 64). Vorteilhaft ist dabei wegen der Unterbringung die geringe Bauhöhe.

Die Zylinder haben in den weitaus meisten Fällen Wasserkühlung, Luftkühlung wird zunehmend angewandt. Dabei ist ein starker Ventilator nötig, da z. B. beim Bergauffahren die Leistung groß und der Fahrwind schwach ist (s. Abb. 63).

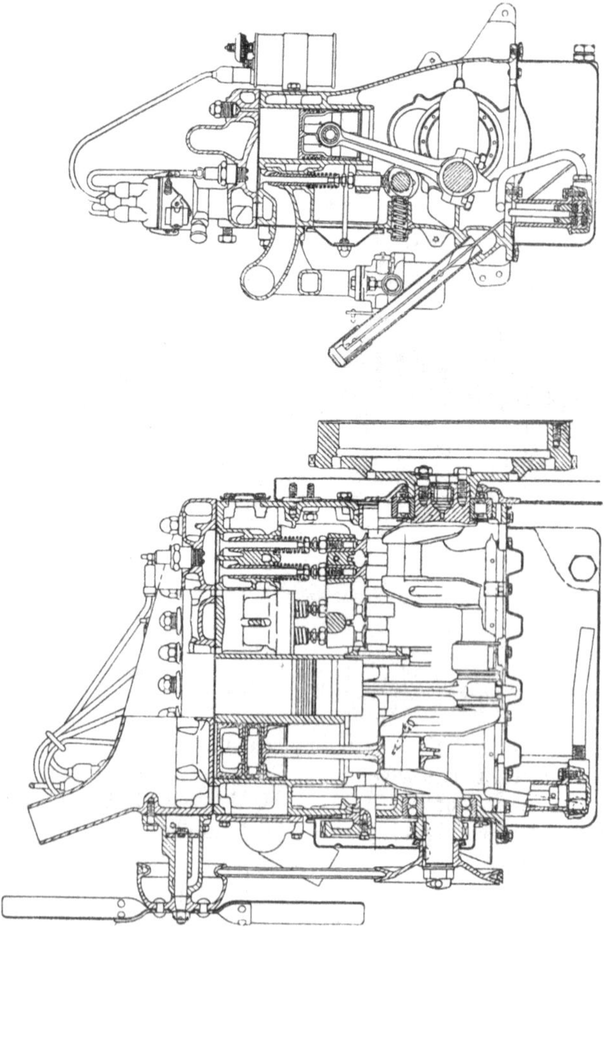

Abb. 56 a und b. Kraftwagenmotor. Brennabor. Vierzylinder. 62 Dm, 83 Hub. $n = 3000$.

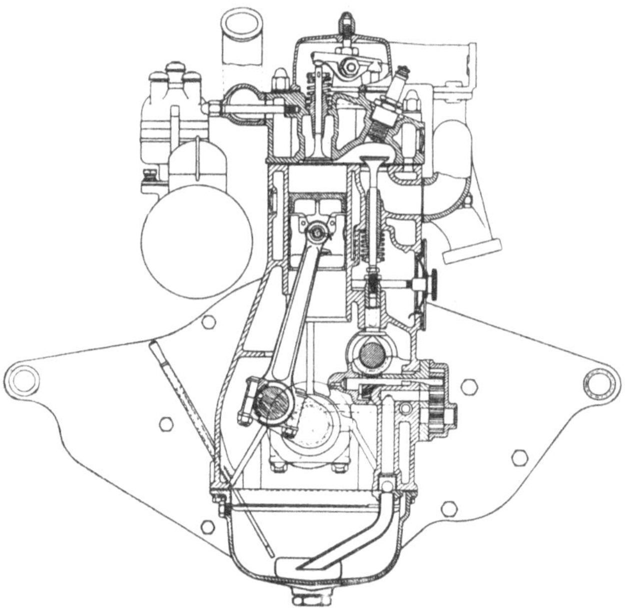

Abb. 57a. Kraftwagenmotor Triumph. Vierzylinder. 60 Dm. 90 Hub. 1018 cm³. 28,5 PS bei $n = 3500$, 30 PS bei $n = 4000$.

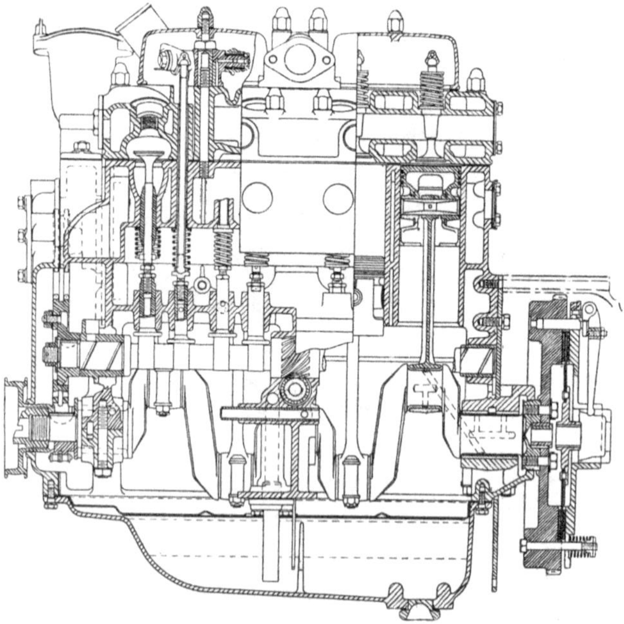

Abb. 57b. Kraftwagenmotor Triumph. Vierzylinder. 60 Dm. 90 Hub. 1018 cm³. 28,5 PS bei $n = 3500$, 30 PS bei $n = 4000$.

a

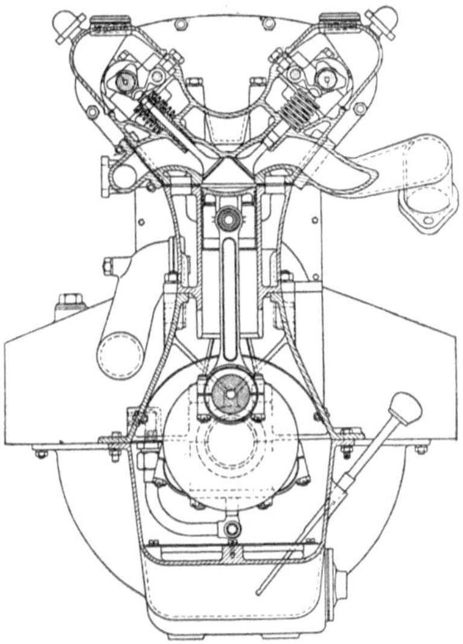

Abb. 58a. Kraftwagenmotor Lea Francis. Sechszyl. 60 Dm. 100 Hub. 1696 cm³. 38,5 PS bei $n = 3000$; 40,25 PS bei $n = 3400$.

Querschnitt.

Abb. 58b. Kraftwagenmotor Lea Francis. Sechszyl. 60 Dm. 100 Hub. 1696 cm³. 38,5 PS bei $n = 3000$, 40,25 PS bei $u = 3400$.

Längsschnitt.

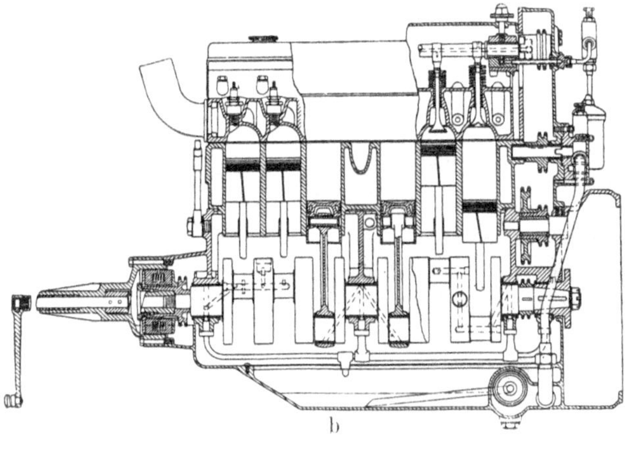

b

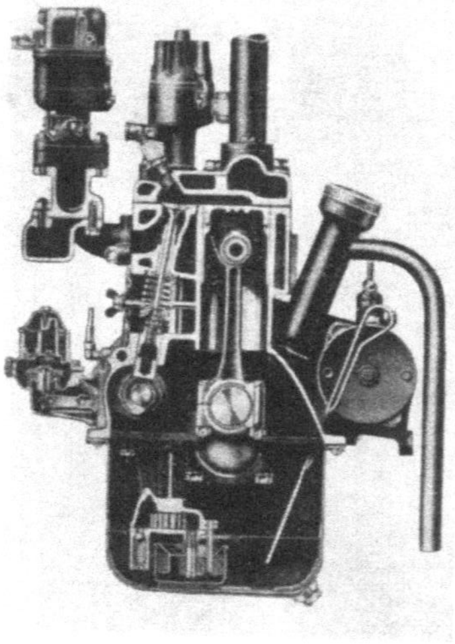

Abb. 59. Kraftwagenmotor. Opel. Bemerkenswert sind links oben der Vergaser, die Form des Verbrennungsraumes, der schräge Stand des Ventils, unten die Zahnradpumpe mit Ölfilter. (Foto Opel.)

Abb. 60. Kraftwagenmotor. Opel. Vierzylinder. 1,3 Lit. Längsschnitt in verschiedenen Schnittebenen. Links Einplattenreibungskupplung. Nockenwelle mit Zahnradantrieb in der Mitte. (Foto Opel.)

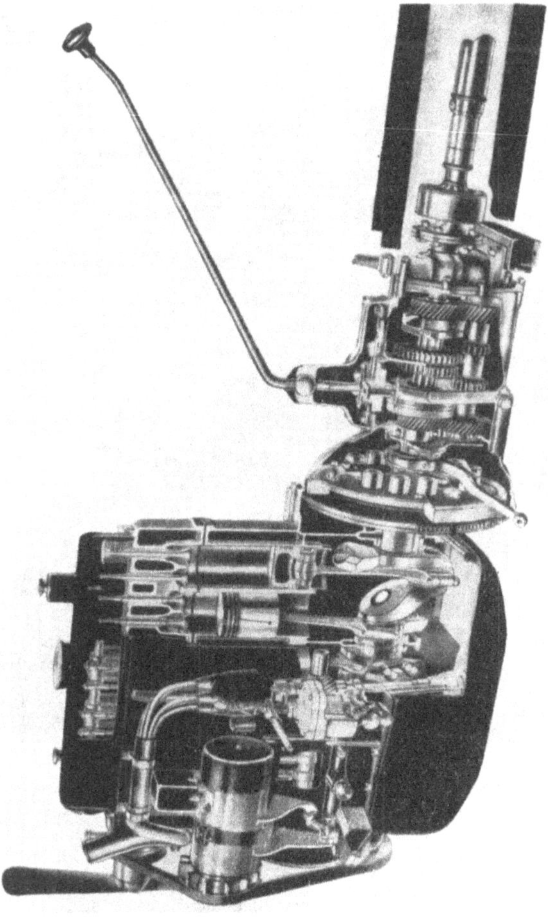

Abb. 61. Kraftwagenmotor, aufgeschnitten. Bayrische Motorenwerke. Sechszylinder. 1,91 Lit. 45 PS. Das Wechselgetriebe rechts hat vier Gänge. Die Räder mit Schrägverzahnung befinden sich ständig im Eingriff, das obere rechts kann mit seiner Welle gekuppelt werden. Das obere Räderpaar mit gerader Verzahnung kann nach links oder rechts zum Eingriff gebracht werden.

Abb. 62. Kraftwagenmotor. Ansicht. Bayrische Motorenwerke. 80 PS. Der Riemen links treibt von der Kurbelwelle aus Dynamo und Ventilator. Oben sieht man drei Fallstromvergaser, vor dem rechten der Verteiler für den Zündstrom, unten rechts die Brennstofförderpumpe.

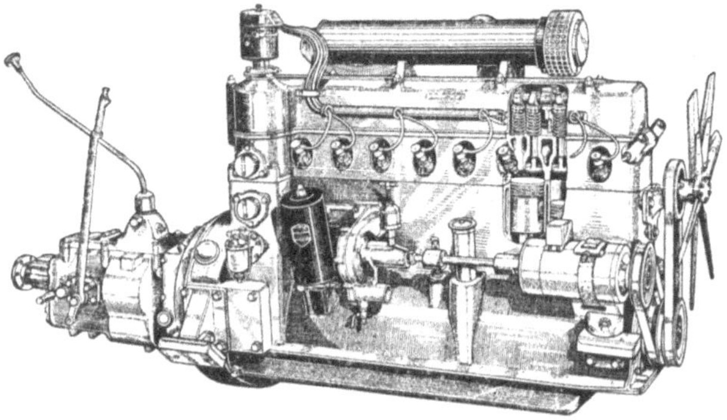

Abb. 63. Kraftwagenmotor. Auto Union-Horch. Achtzylinder in Reihe. 5 Lit.

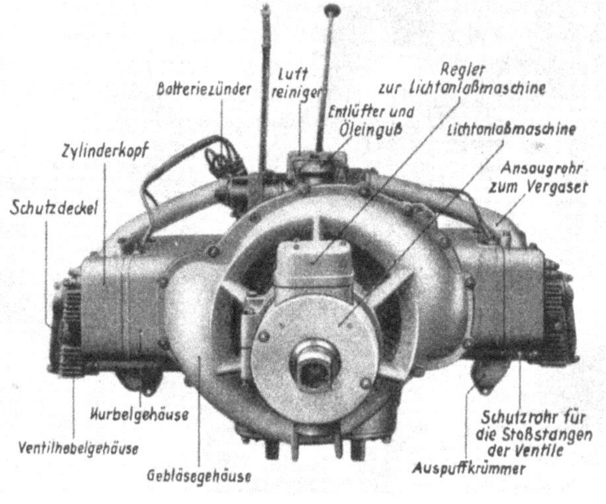

Abb. 64. Kraftwagenmotor. Krupp. Luftgekühlt mit vier waagerechten Zylindern in Gegenüberstellung. Ansicht von vorn gegen das Gebläse zur Zuführung der Kühlluft.

Die Entwicklung des **Kraftwagendieselmotors** (Abb. 65—81) hat lange gedauert. Die zufriedenstellende Durchführung des Verbrennungsvorganges verursachte bei den hohen Drehzahlen große Schwierigkeiten. Brauchbare Lösungen ergaben sich durch besondere Gestaltung des Verbrennungsraumes, sowie durch Anordnung von Vorkammern und Beikammern. Wahrscheinlich ist das meiste hierbei durch tastende Versuche gefunden, wovon manches auch nachträglich noch schwer zu erklären ist. Die Zahl der Zylinder beträgt vorläufig nicht mehr als acht. Die Anordnung derselben ist stehend in einer Reihe. Die Ventile sind meistens hängend mit Antrieb von einer tiefliegenden Nockenwelle aus. Der sehr kleine Verdichtungsraum, auf dessen Gestalt viel ankommt, läßt wenig Freiheit für die Ventilanordnung übrig. Obwohl beim Dieselmotor das Zweitaktverfahren angezeigt wäre, weil man beim Spülen nur mit Luft und nicht mit Gemisch zu tun hat, wird doch beinahe ausschließlich nach dem Viertaktverfahren gearbeitet (s. Abb. 65—81). Nur beim Junkersmotor (s. Abb. 73) wird das Zweitaktverfahren angewandt.

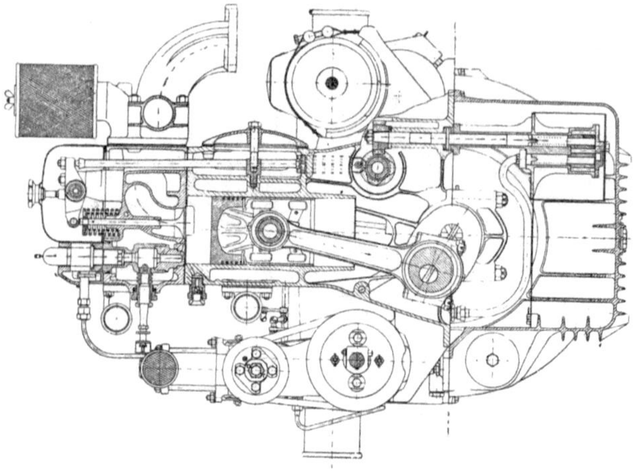

Abb. 65. Kraftwagen-Dieselmotor. Büssing-NAG. Sechszyl. 110 Dm. 130 Hub.

Abb. 66. Kraftwagen-Dieselmotor. Büssing-NAG. Sechszyl. 110 Dm. 130 Hub.

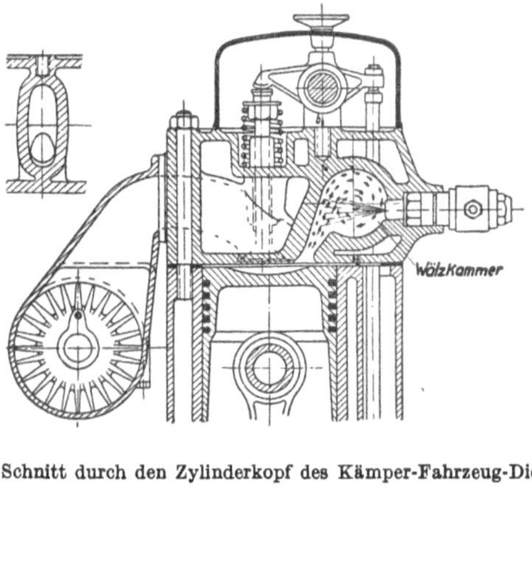

Abb. 67. Schnitt durch den Zylinderkopf des Kämper-Fahrzeug-Dieselmotors.

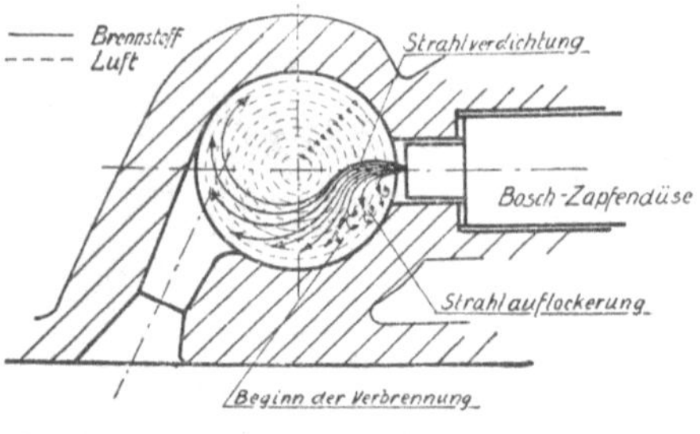

Abb. 68. Kämper-Fahrzeug-Dieselmotor. Schematische Darstellung der Vorgänge innerhalb der Wälzkammer.

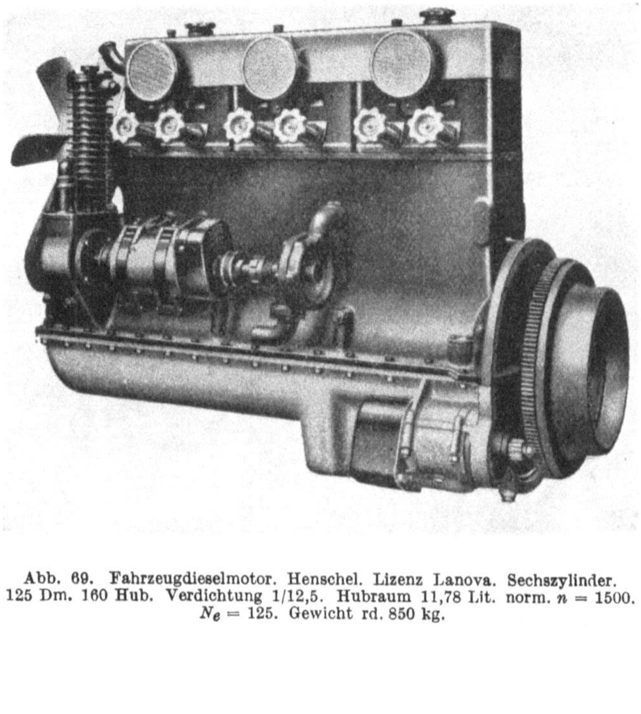

Abb. 69. Fahrzeugdieselmotor. Henschel. Lizenz Lanova. Sechszylinder. 125 Dm. 160 Hub. Verdichtung 1/12,5. Hubraum 11,78 Lit. norm. $n = 1500$. $N_e = 125$. Gewicht rd. 850 kg.

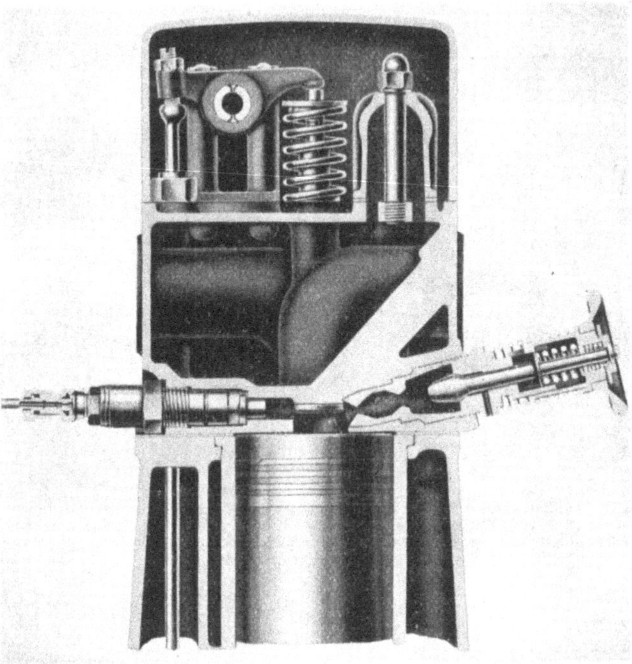

Abb. 70a. Senkrechter Schnitt durch den Verdichtungsraum des Henschel-Lanovamotors. Links Einspritzdüse. Rechts Speicherventil in Betriebsstellung, s. ferner 70 b, c und d.

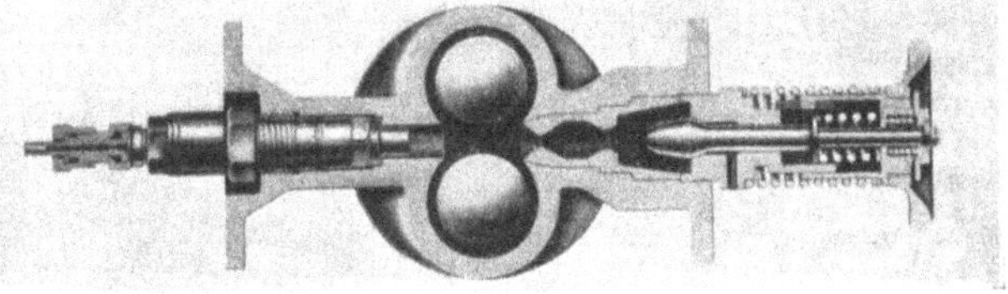

Abb. 70b. Waagerechter Schnitt. In der Mitte die beiden Ventile. Speicherventil in Betriebsstellung.

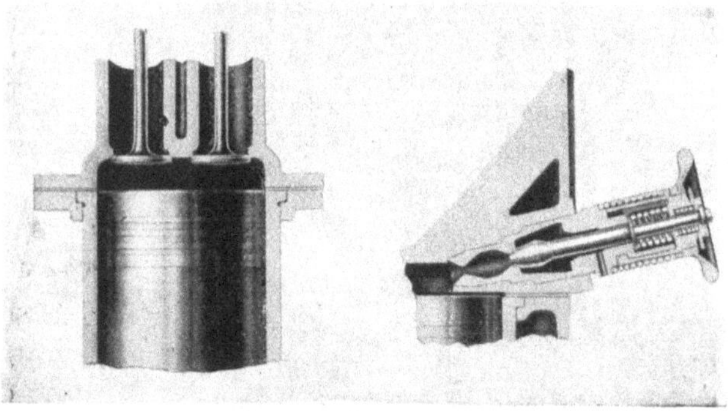

Abb. 70c. Schnitt durch die Ventilkammer Abb. 70 d. Das Speicherventil in Anlaßstellung zur Erzielung höherer Verdichtung. Nach unten aus dem Gehäuse austretend eine Bohrung zur Verminderung der Verdichtung, wobei das Speicherventil eine Mittelstellung einnimmt.

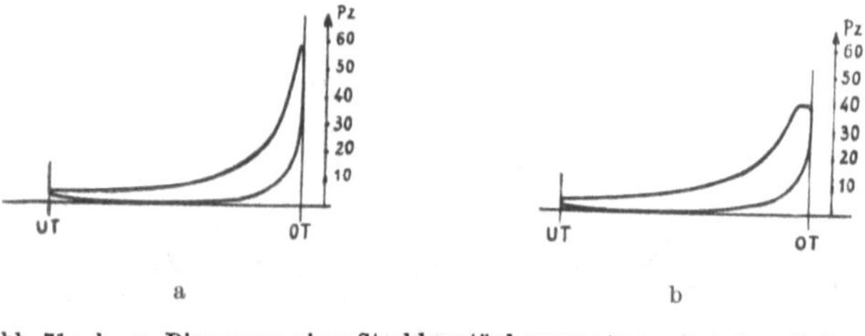

Abb. 71a, b. a. Diagramm eines Strahlzerstäubungsmotors mit hohem Spitzendruck. b. Diagramm des Henschel-Diesels mit Lanovaspeicher. Verringerter Spitzendruck

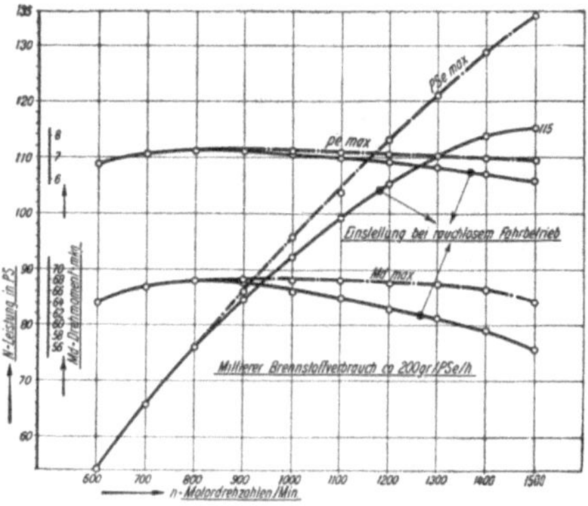

Abb. 72. Zeichnerische Darstellung von Leistung N, mittlerem Druck p und Drehmoment M_d eines Henschel-Fahrzeug-Lanovamotors bei verschiedenen Drehzahlen.

Abb. 73. Zylinder, Kolben und Triebwerksteile eines Junkers-Diesel-Fahrzeugmotors.

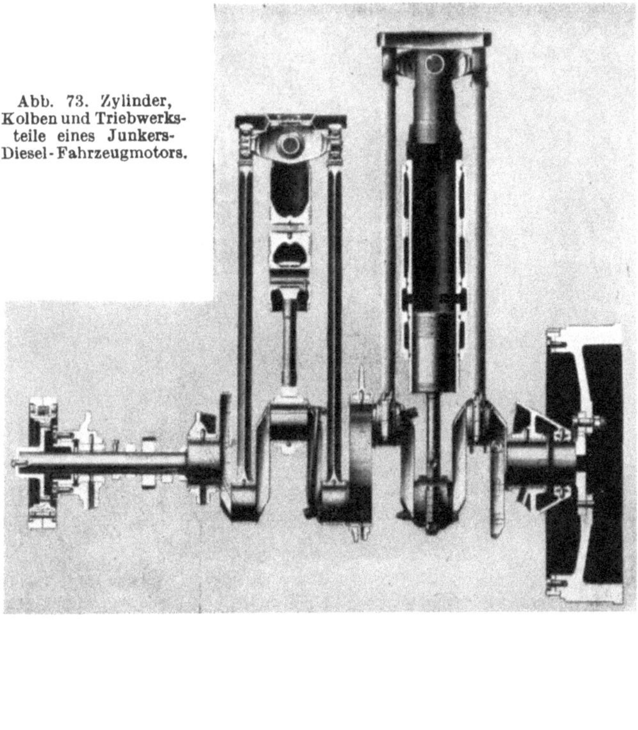

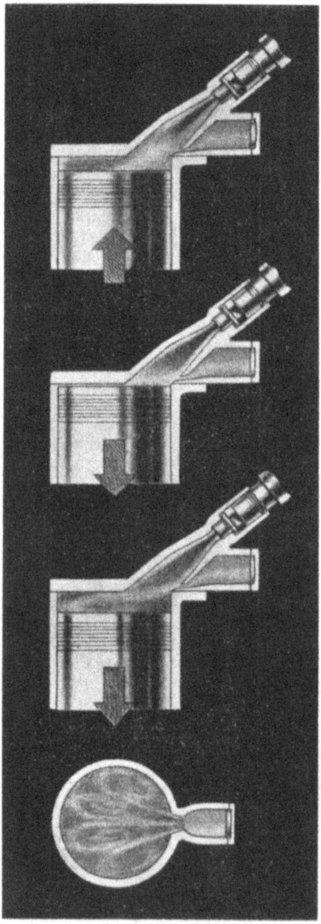

Abb. 74. Fahrzeugdieselmotor der MAN-Nürnberg. Schema des Einspritzverfahrens mit Beikammer.

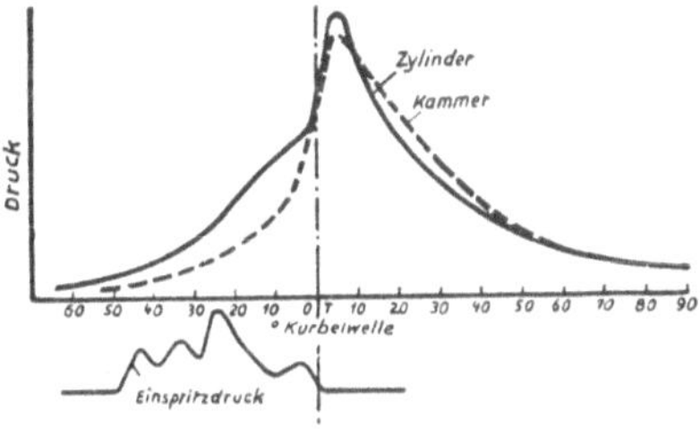

Abb. 75. Fahrzeugdieselmotor der MAN-Nürnberg. Diagramme des Druckverlaufs im Zylinder und in der Luftkammer sowie von der Einspritzung.

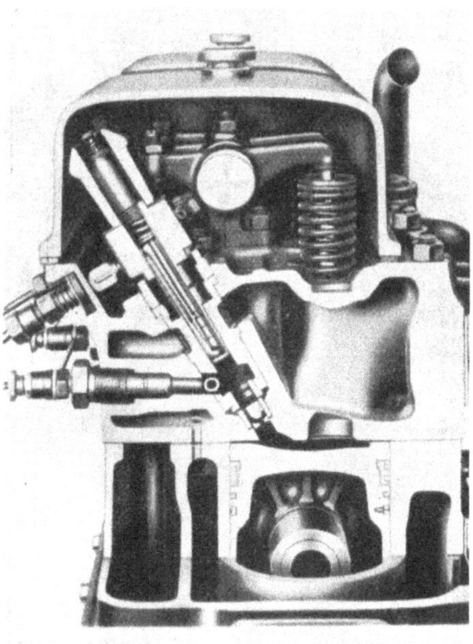

Abb. 76. Fahrzeugdieselmotor Mercedes-Benz. Schnitt durch die Vorkammer.

Abb. 77. Fahrzeugdieselmotor Mercedes-Benz.

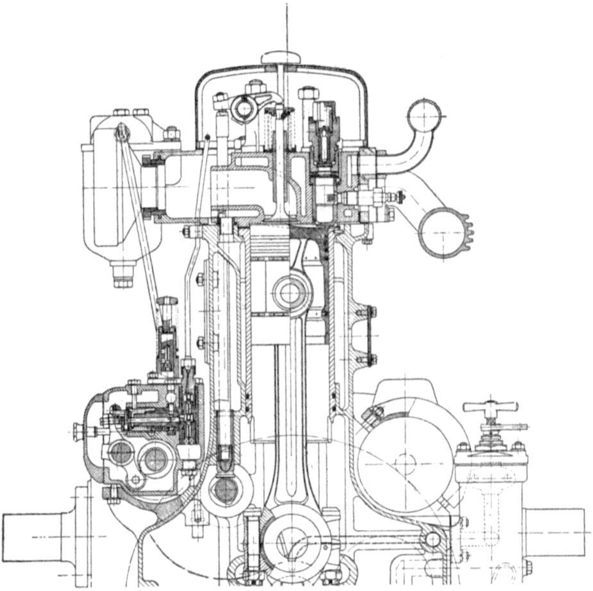

Abb. 78. Fahrzeugdieselmotor Humboldt-Deutzmotoren A. G. Vorkammer rechts und Brennstoffpumpe links.

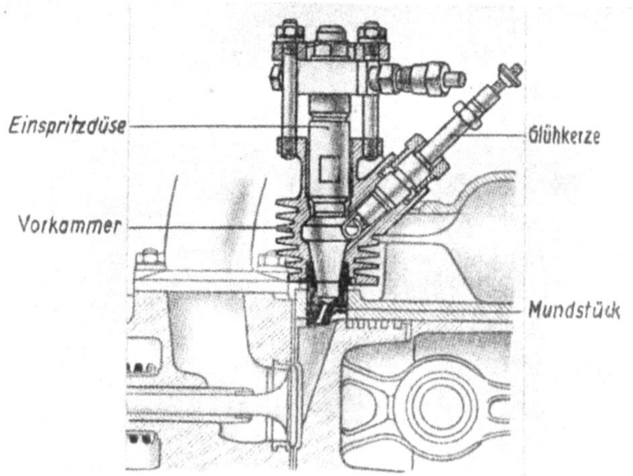

Abb. 79. Fahrzeugdieselmotor. Friedr. Krupp A. G. Vorkammer mit Einspritzdüse und Glühkerze eines Motors mit waagerechten Zylindern.

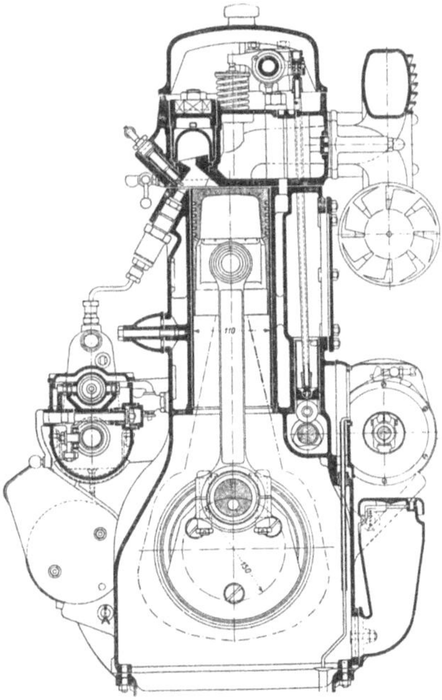

Abb. 80a. Fahrzeugdieselmotor. Saurer, Arbon.

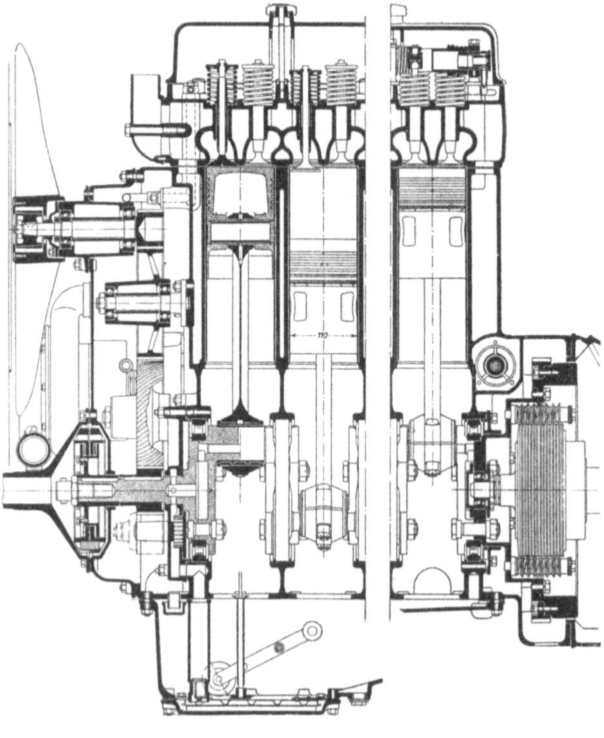

Abb. 80b. Fahrzeugdieselmotor. Saurer, Arbon.

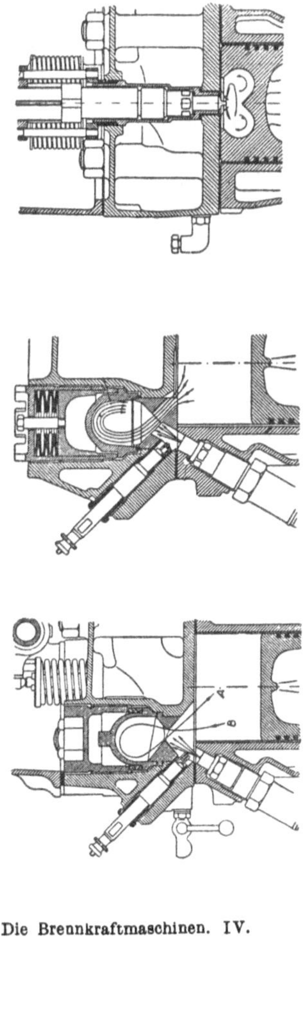

Abb. 81. a, b, c. Verschiedene Verbrennungsräume von Saurer, Arbon. a. Motor mit Acro-Luftspeicher. b. Kreuzstrom-Verbrennungsraum. c. Doppelwirbelungsmotor mit direkter Einspritzung.

B. Motoren für Schienenfahrzeuge.

Durch den Motor ist nicht nur die verlassene Landstraße mit der Eisenbahn wieder in Wettbewerb getreten, sondern der Motor hat auch, ebenso wie die elektrische Zugförderung, die Eisenbahn wettbewerbsfähiger gemacht, indem er gestattet, mit kleineren Zugeinheiten häufiger und schneller und doch wirtschaftlich zu fahren.

Dasselbe leistet allerdings die elektrische Zugförderung auch, aber sie erfordert für die Einrichtung der Strecken und Bahnhöfe sehr viel größeres Anlagekapital und mehr Ausgaben für Unterhalt.

Bei Motorbetrieb ist vielfach keine besondere Lokomotive erforderlich, da die Motoren in oder unter den Wagen angebracht werden können.

Zum Teil werden für Straßenlastwagen und Schienenfahrzeuge die gleichen Motoren benutzt, und zwar sowohl Leichtöl- wie Dieselmotoren. Erst bei Leistungen über 150 PS findet man Sonderausführungen für Schienenfahrzeuge (s. Abb. 82—88). Die Leistungen gehen gegenwärtig schon sehr weit hinauf. Eine französische Bahn z. B. besitzt Diesellokomotiven mit je 2 × 2000 PS, wobei die Kraft elektrisch übertragen wird.

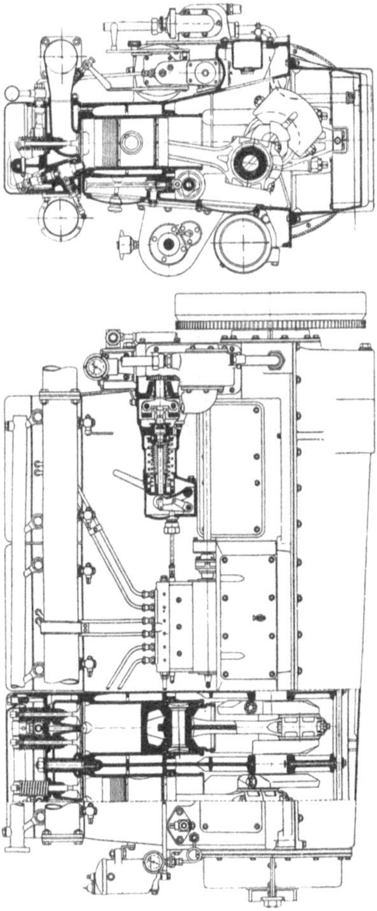

Abb. 82 a, b. Triebwagen-Dieselmotor der MAN-Augsburg. Sechszyl. 150 PS bei $n = 1500$.

Abb. 83. Triebwagen-Dieselmotor der MAN-Augsburg. Zwölfzylinder in V-Form. 420 PS bei $n = 1400$.

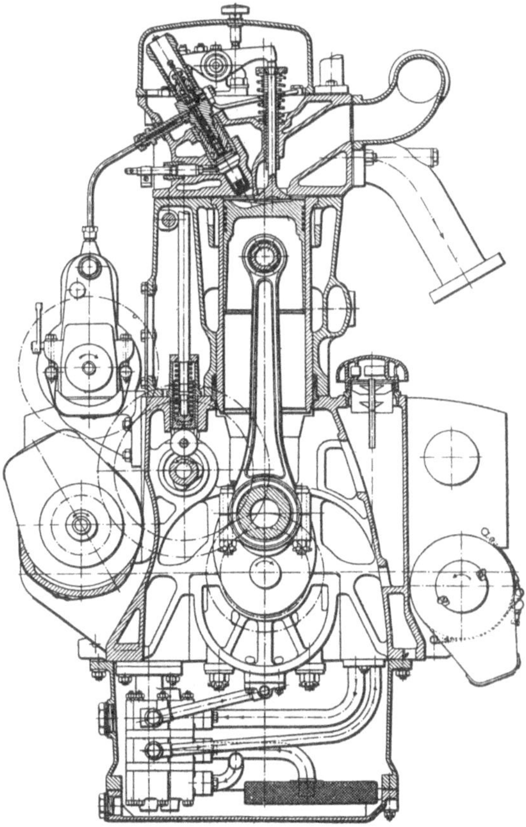

Abb. 84. Dieselmotor für Triebwagen. Mercedes-Benz.

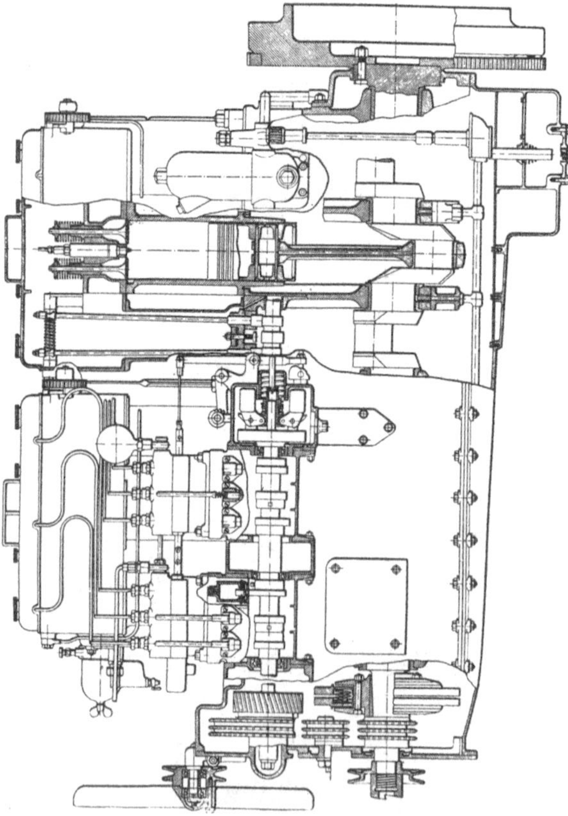

Abb. 85. Dieselmotor für Triebwagen. Gardner. Sechszyl., Höchstleistung 102 PS bei $n = 1700$, 90 bis 96 PS bei $n = 1400$.

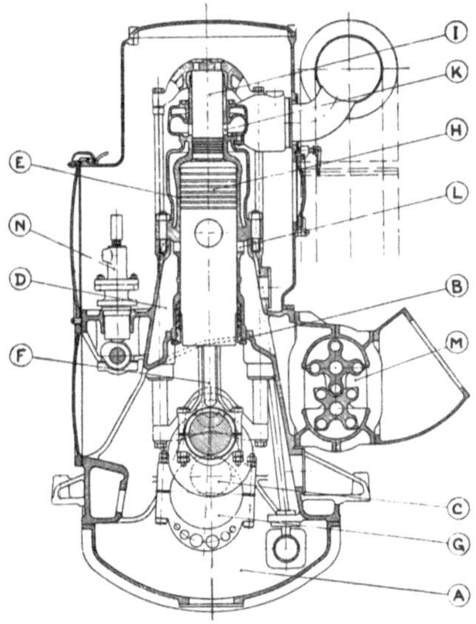

Abb. 86. Zweitakt-Dieselmotor für Triebwagen. Burmeister und Wain.

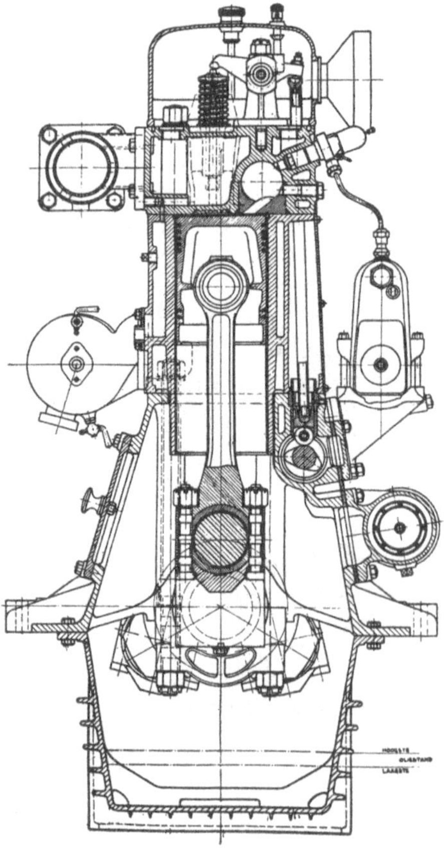

Abb. 87. Viertakt-Dieselmotor für Triebwagen mit Wirbelkammer, System Frichs. Thomassen-Motorenfabrik.

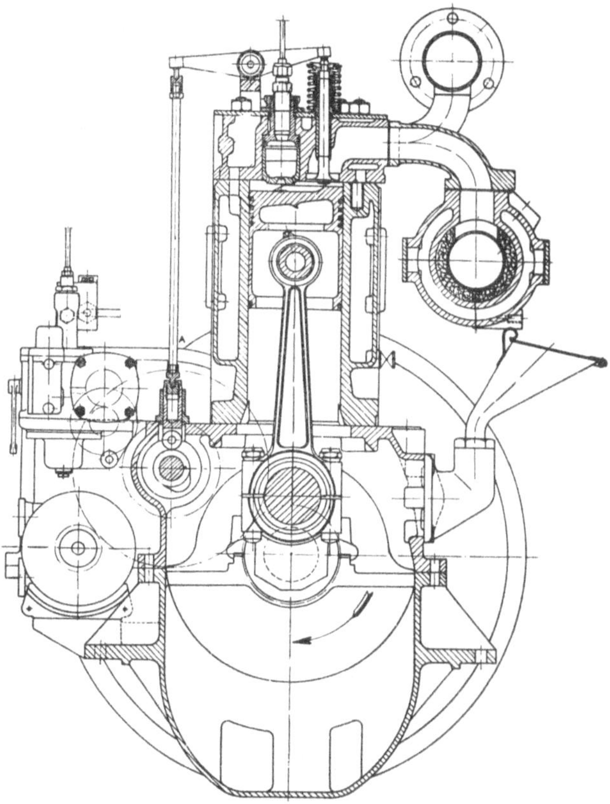

Abb. 88a. Viertaktdieselmotor für Triebwagen mit Vorkammer. Gebr Stork und Co.

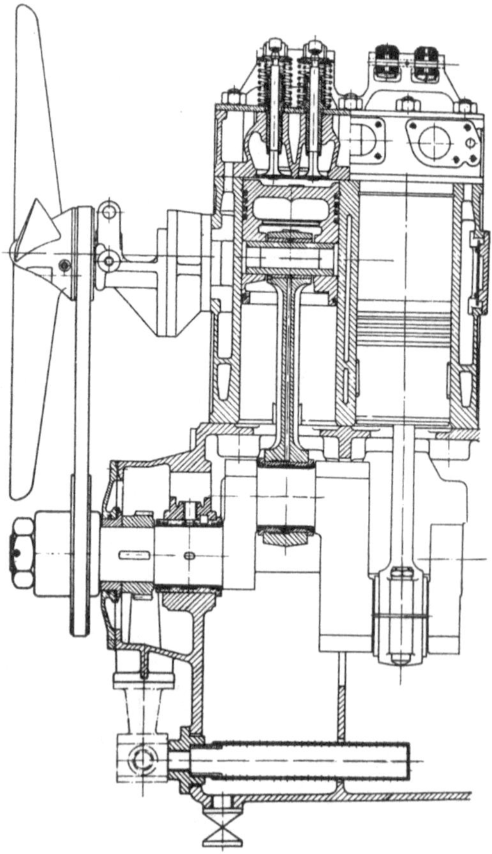

Abb. 88b. Viertaktdieselmotor für Triebwagen mit Vorkammer. Gebr. Stork und Co.

C. Flugmotoren.

Wiederholt ist darauf hingewiesen, daß die Anpassung an den Verwendungszweck den größten Einfluß auf die Gestaltung der verschiedenen Motoren ausübt, was ganz besonders für den Flugmotor gilt. Da das Gesamtgewicht eines startbereiten Flugzeuges, auf die Zahl der eingebauten PS bezogen, im Mittel nicht mehr als 5 bis 6 kg beträgt, und damit ungefähr dem Gewicht der Pferdestärke eines Kraftwagenmotors gleichkommt, aber weit unter dem PS-Gewicht anderer Motoren liegt, so ist deutlich, daß beim Flugmotor auch noch gegenüber dem Kraftwagenmotor eine bedeutende Herabsetzung des Gewichtes nötig ist, um Raum zu schaffen für das Gewicht des Flugzeuges, der Betriebsstoffe, der Besatzung und der Nutzlast.

Diese Notwendigkeit äußerster Gewichtsbeschränkung drückt dem Flugmotor ihren Stempel auf, während sich die Beschränkung seiner äußeren Abmessungen zur Verminderung des Luftwiderstandes in der gleichen Richtung bewegt. Dabei darf die Forderung geringen Brennstoffverbrauches wegen des Gewichtes des mitzunehmenden Vorrates und die größter Betriebssicherheit trotz der vorgenannten zwingenden Forderungen keineswegs vernachlässigt werden.

Es ist auch allein die Brennkraftmaschine, die imstande ist, diesen Forderungen zu genügen. Die Leistungseinheiten aller anderen Kraftmaschinen sind zu schwer, so daß man behaupten kann, daß der Motor die unentbehrliche Grundlage des gesamten Flugwesens bildet, und zwar in Verbindung mit flüssigem Brennstoff, dem leichtesten Energieträger, der auch nur leichte Behälter erfordert.

Der Benzinmotor hat das Flugzeug zuerst möglich gemacht und auch bis heute beruhte die gesamte Entwicklung auf dem Benzinmotor. Aber es wäre wünschenswert, zum Dieselmotor überzugehen, weil damit der Brennstoffverbrauch um etwa 25% verringert werden kann und die Brandgefahr stark vermindert, wenn nicht sogar ganz beseitigt wird. Leider fallen die Dieselmotoren bisher schwerer aus, und zur Zeit, 1938, ist der Junkersmotor der einzige Dieselmotor, der im regelmäßigen Luftverkehr verwendet wird.

Die Frage, auf welchem Wege, man zu dem kleinsten Gewicht G/N kg/PS kommt, beantwortet am besten die Gleichung der Leistung, Gl. (23), aus der hervorgeht, daß der das Gewicht bildende Hubraum der Intensität pn, mit welcher der Motor arbeitet, umgekehrt proportional ist, so daß alles darauf ankommt, die Intensität, d. h. den mittleren Druck und die Drehzahl hoch zu halten. Das Einheitsgewicht des Hubraumes wird andererseits wieder durch den Höchstdruck beeinflußt, den man kaum niedrig halten kann, weil damit der mittlere Druck p und der thermische Wirkungsgrad zusammenhängen.

Obwohl die Konstante in der Gleichung für die Leistung für Zweitakt das Doppelte als für Viertakt beträgt, ist dennoch das für Benzinmotoren fast ausschließlich angewandte Viertaktverfahren für diese gerechtfertigt, weil bei einem Gemischmotor die Spülung und Füllung des Zylinders ohne Gefahr des Brennstoffverlustes nur so unvollkommen geschehen kann, daß dadurch der mittlere Druck auf die Hälfte sinkt, wozu noch kommt, daß der Viertaktmotor auch höhere Drehzahlen zuläßt.

Ferner ist für das Gewicht und den Luftwiderstand die Anordnung der Zylinder wesentlich. Ähnlich wie beim Kraftwagenmotor werden die Zylinder in ein oder zwei Reihen hintereinander aufgestellt, aber auch in drei Reihen, wenn es die Leistung erfordert. In diesen Fällen haben die Zylinder meistens Flüssigkeitskühlung. Wenn man dagegen eine sternförmige Aufstellung der Zylinder wählt, geht man damit auch zur Luftkühlung über. Diese Aufstellung hat aber den Nachteil größeren Luftwiderstandes, der allerdings durch Anbringung von Umkleidungen verringert werden kann, ohne daß die Kühlung wesentlich darunter leidet.

Das Streben nach hoher Drehzahl findet eine Grenze in der mit Rücksicht auf den Wirkungsgrad zulässigen höchsten Drehzahl der Luftschraube. Will man sich hierdurch nicht behindern lassen, dann ist Zwischenschaltung eines Zahnradgetriebes nötig.

Der Flugmotor muß seine höchste Leistung beim Start entwickeln. Diese war früher dadurch beschränkt, daß die für den waagerechten Flug entworfene Luftschraube beim Start eine viel zu große Steigung und infolgedessen zu großen tangentialen Luftwiderstand hatte, so daß der Motor nicht seine volle Drehzahl und damit seine sonst mögliche Höchstleistung erreichen konnte. Hierin ist durch die Luftschraube mit verstellbarer Steigung Abhilfe geschaffen.

Motoren mit umlaufenden Zylindern und feststehender Welle, die während des Weltkrieges eine große Rolle spielten, sind nicht mehr im Gebrauch. Auch nicht solche, bei denen Welle und Zylinderstern in entgegengesetzter Richtung umlaufen.

Etwas den Flugmotoren Eigenartiges sind die Motoren mit hängenden Zylindern. Sie haben den Vorteil, daß bei einer bestimmten, durch den Propeller bedingten Höhenlage der Kurbelwelle der Schwerpunkt des Motors tiefer liegt und die Aussicht nach vorn nicht durch die Zylinder benachteiligt wird.

Die größten Zylinderabmessungen betragen bei Flugmotoren ungefähr 160 mm Durchmesser und 180 mm Hub. Bei der Wahl größerer Abmessungen müßte man mit der Drehzahl heruntergehen und könnte möglicherweise auch mit der Kolbentemperatur Schwierigkeiten bekommen (s. Abb. 89 bis 106).

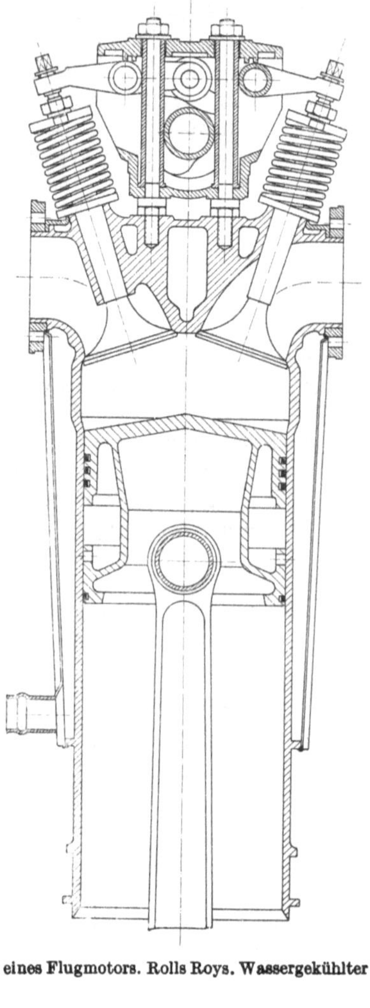

Abb. 89. Zylinder eines Flugmotors. Rolls Roys. Wassergekühlter Vergasermotor.

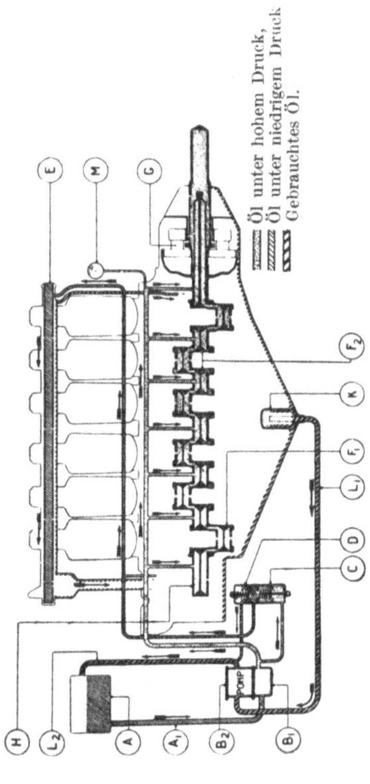

Abb. 90. Schema der Schmierung eines Flugmotors.

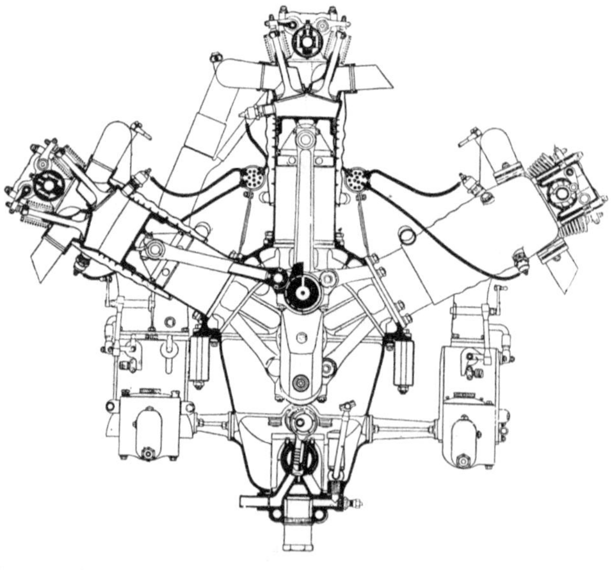

Abb. 91. Flugmotor. Lorraine. Wassergekühlter Vergasermotor. Viertakt. 12 Zylinder in 3 Reihen zu je vier. 450 PS.

Abb. 92. Flugmotor. Junkers Jumo 210. Wassergekühlt, Vergaser, Viertakt. 12 Zyl. in 2 Reihen unter 60° hängend. 700/680 PS. (Foto J. F. M.)

Abb. 93. Wie 92. Ansicht von vorn.

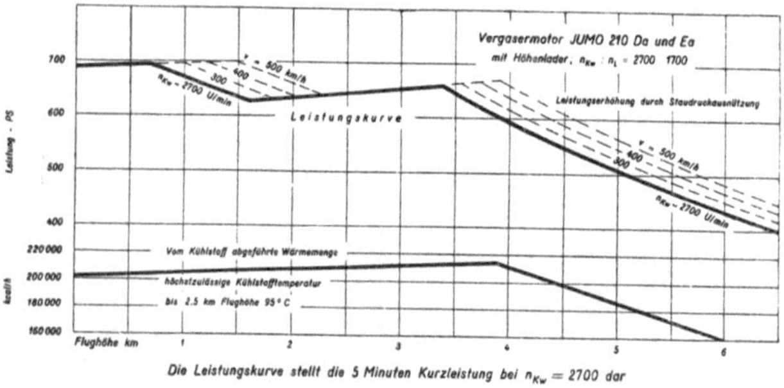

Abb. 94. Wie 92. Leistungskurven vom Junkers Vergasermotor Jumo 210.

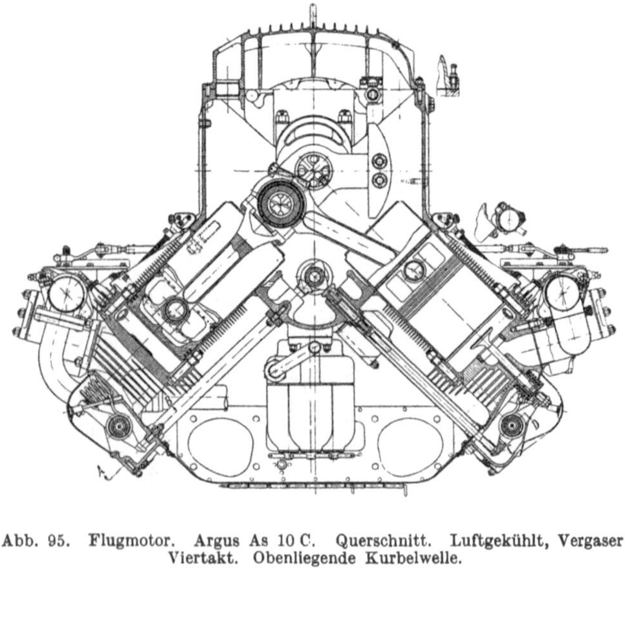

Abb. 95. Flugmotor. Argus As 10 C. Querschnitt. Luftgekühlt, Vergaser Viertakt. Obenliegende Kurbelwelle.

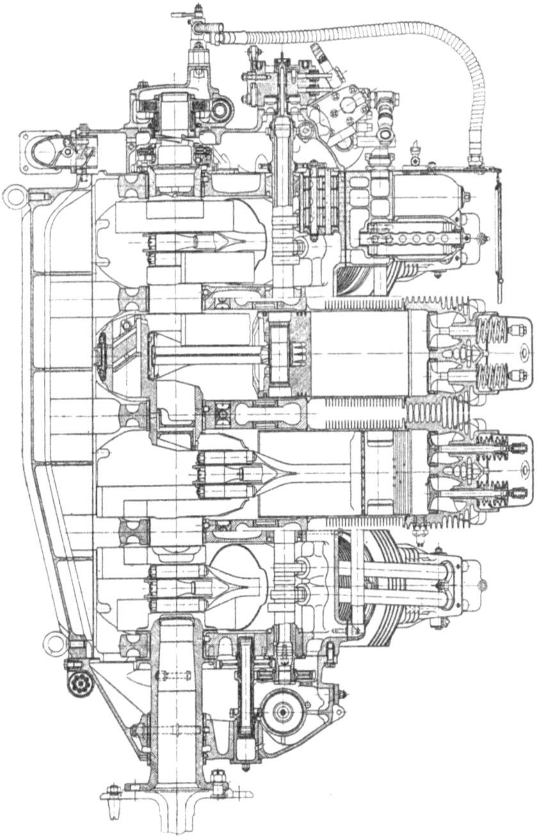

Abb. 96. Wie 95, Längsschnitt.

Abb. 97. Wie 95, Ansicht.

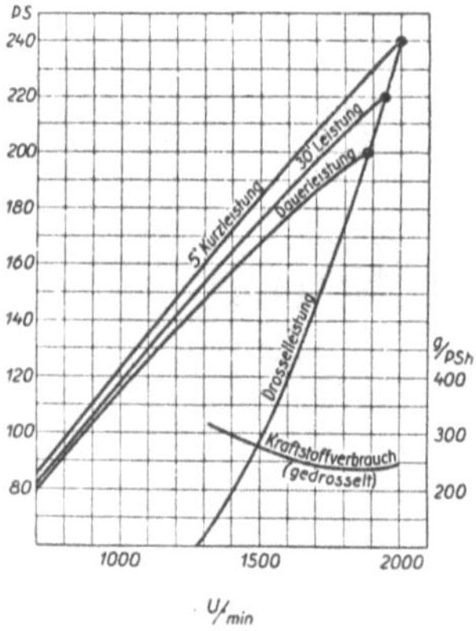

Abb. 98. Wie 95, Leistungsschaulinien. Normal 0 m.

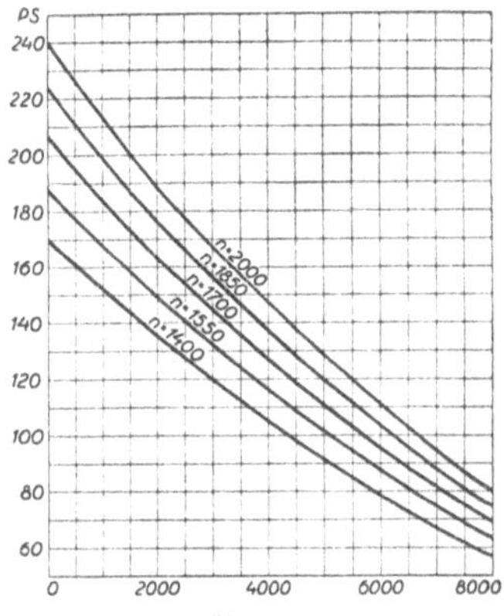

Abb. 99. Wie 95, Höhenleistungsschaulinien.

Abb. 100. Flugmotor. Napier. Halford. Dagger. Luftgekühlt. Vergaser Viertakt. 24 Zylinder in H-Form mit zwei Kurbelwellen. 89 Dm. 89 Hub

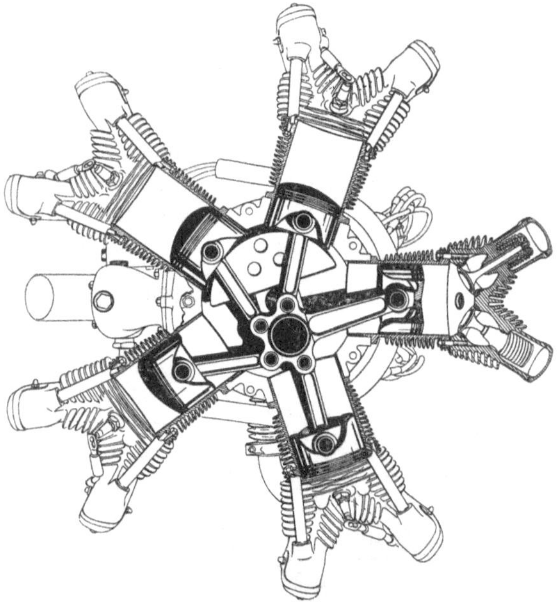

Abb. 101. Flugmotor. Bayrische Motorenwerke. Luftgekühlt. Vergaser. Viertakt. Fünf Zylinder in Sternform.

Abb. 102. Wie 101, Ansicht von vorn.

Abb. 103. Flugmotor. Brandenburgische Motorenwerke. Luftgekühlt. Vergaser. Viertakt. 9 Zylinder in Sternform. 154 Dm. 160 Hub. Hubraum 26,82 Lit., Startleistung als Bodenmotor 950 PS bei $n = 2450$.

Abb. 104. Flugmotor. Bristol. Hercules. Luftgekühlt. Vergaser. Viertakt mit Schiebern statt Ventilen. 14 Zyl. in zwei Sternen hintereinander. 1375 PS, $n = 2750$ auf 1200 m Höhe.

Abb. 105. Flugmotor für Schweröl. Junkers Jumo 205. Wassergekühlt, sechs Zyl. in Reihe mit doppelten Kolben. Zwei Kurbelwellen durch Zahnräder gekuppelt. Dm. 105. Hub 2 × 160. Hubraum 16,62 Lit. Volleistung 600 PS bei $n = 2200$. Dauerleistung 510 PS mit Brennstoffverbrauch 160 bis 170 g/PSh.

Abb. 106. Flugmotor für Schweröl. Bristol Phoenix. „Compression Ignition Engine". 9 Zyl. Luftgekühlt in Sternform. Dm. 146. Hub 191. Hubraum 28,7 Lit. *n* norm. = 1900. *n* max. = 2000. *N* norm. = 415 PS.

Schrifttum.

Bücher:

Bauer, W., Diesellokomotiven und ihr Antrieb. Berlin 1925. — Bussien, R., Automobiltechnisches Handbuch. 13. Aufl. Berlin 1931. Ergänzung 1935. — Dechamps-Kutzbach, Prüfung, Wartung und Weiterentwicklung der Flugmotoren. Berlin 1921. — Eisenlohr, R., Handbuch, Bd. III. Triebwerk und Sondergebiete des Flugwesens. Berlin 1936. — Finkbeiner, H., Hochleistungsgaserzeuger für Fahrzeugbetrieb und ortsfeste Kleinanlagen. Berlin 1937. — Haeder-Thoelz, Flugmotoren in Leicht- und Schwerölbauart. Berlin 1930. — Heldt, P. M., Schnellaufende Dieselmotoren. Übers. aus der 2. amerik. Aufl. von Gueth, Thoelz und Haeder. Berlin 1937. — Heldt, P. M., The Gasoline Automobile. 3 Bde. London. — Judge, A. W., High speed Diesel Engines. London 1933. — Kamm, W., Das Kraftfahrzeug. Berlin 1936. — Kamm und Schmidt, Das Versuchs- und Meßwesen auf dem Gebiete des Kraftfahrzeugs. Berlin 1938. — Meewis und Kuipers, Luchtvaartmotoren. Amsterdam 1936. — Pye, D. R., Die Brennkraftmaschinen. Übersetzt u. bearb. von Dr. Wettstädt. Berlin 1933. — Ricardo, Harry R., Schnellaufende Verbrennungsmotoren. Übers. u. bearb. von Werner und Friedemann. 2. Aufl. Berlin 1932. — Sumner, P. H., Aeroplanes and Aero Engines. 2. Aufl. London 1937. — Thiemann, A. E., Kraftstoffe, Verbrennung und Schweröl-Vergasermotoren. Berlin 1928. — Thiemann, A. E., Fahrzeugdieselmotoren. Berlin 1929. — Vogelsang, C. W., Praktische Flugmotorenkunde. Berlin 1937. — Wilkinson, Paul H., Diesel Aircraft Engines. 1936. — Zeman, Zweitakt-Dieselmotoren kleinerer und mittlerer Leistung. Berlin 1935.

Zeitschriften:

Automobile Engineer. London. — (ATZ) Automobiltechnische Zeitschrift. Berlin. — Kraftfahrtechnische Forschungsarbeiten. VDI-Verlag Berlin. — Omnia. Revue pratique de l'automobile. Paris. — Organ für die Fortschritte des Eisenbahnwesens. Berlin. — Railway Gazette. London. — Society Automotive Engineers. New York.

Namen- und Sachverzeichnis.

(Die Zahlen geben die Seiten an.)

EIN
QUALITÄTSBEGRIFF
KOLBEN
SEEWASSERLEGIERUNGEN
UMSCHMELZ-ALUMINIUM-LEGIERUNGEN
INDUSTRIEÖFEN
KARL SCHMIDT GMBH
NECKARSULM WTTBG.
Kolben für Reparaturzwecke liefert die Kolbenverkaufsgemeinschaft Mahle K.-G Karl Schmidt G. m. b. H. Stuttgart-Bad Cannstatt

Sammlung Göschen Band 1129: Meyer, Die Brennkraftmaschinen IV. Geb. RM 1.62. Verantwortlich für den Anzeigenteil: Kurt Dittrich, Berlin. M.-A.: 6000. Anzeigen nach Pl.

FSC
www.fsc.org
MIX
Papier | Fördert
gute Waldnutzung
FSC® C083411

Kolibri 360 GmbH
Ferdinand-Jühlke-Straße 7
99095 Erfurt, Deutschland
produktsicherheit@kolibri360.de